现代创意新思维 DESIGN
十二五高等院校
艺术设计规划教材

Premiere Pro CC

实例教程

（全彩版）

古城 刘焰 编著

U0212891

人民邮电出版社

北京

图书在版编目（CIP）数据

Premiere Pro CC实例教程：全彩版 / 古城，刘焰编著. -- 北京 ：人民邮电出版社，2015.2（2021.12重印）
现代创意新思维　十二五高等院校艺术设计规划教材
ISBN 978-7-115-36523-1

Ⅰ．①P… Ⅱ．①古… ②刘… Ⅲ．①视频编辑软件—高等职业教育—教材 Ⅳ．①TN94

中国版本图书馆CIP数据核字（2014）第228237号

内 容 提 要

本书是针对由 Premiere Pro 首次推出的简体中文版 Premiere Pro CC 的初、中级教程，全书配有多个实例制作，是作者多年的行业实践与新版软件相结合的实例型教程。

全书分为上、下两篇，各包含 10 个课程。上篇"剪辑操作"从介绍剪辑与 Premiere Pro CC 基础操作开始，学习素材的导入、多种剪辑方法的使用、视音频及图文编辑、输出和备份管理等内容；下篇"效果应用"学习视音频的过渡、效果、外挂插件及结合其他软件的制作，并对调色、键控、时间与速度等内容进行专项讲解。本书通过理论的操作演示与实例的制作实践，帮助读者掌握 Premiere Pro CC 实用技术，为影片的剪辑和创作打下扎实的基础。

本书可以作为视频、动画制作相关专业和广大视频剪辑学习者的使用教程，同时也适合广大初学者自学使用。

◆ 编　　著　古　城　刘　焰
　　责任编辑　桑　珊
　　责任印制　杨林杰

◆ 人民邮电出版社出版发行　　北京市丰台区成寿寺路 11 号
　　邮编　100164　电子邮件　315@ptpress.com.cn
　　网址　http://www.ptpress.com.cn
　　北京虎彩文化传播有限公司印刷

◆ 开本：787×1092　1/16
　　印张：11.25　　　　　　2015 年 2 月第 1 版
　　字数：269 千字　　　　 2021 年 12 月北京第 11 次印刷

定价：59.80 元（附光盘）

读者服务热线：(010)81055256　印装质量热线：(010)81055316
反盗版热线：(010)81055315
广告经营许可证：京东市监广登字 20170147 号

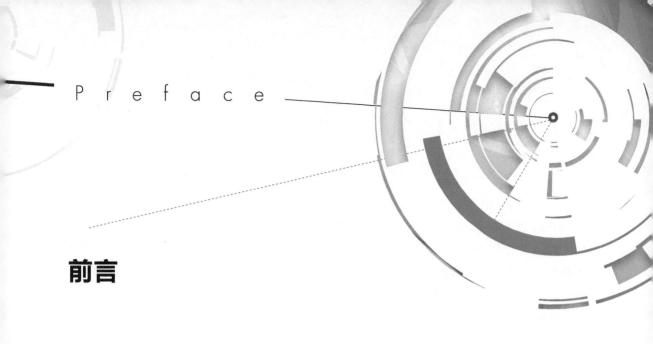

Preface

前言

Adobe Premiere Pro是老牌的视频编辑软件，一直以来都被视为影视编辑行业学习视频制作的一个标准，也是国内在教学和实际制作使用中最为广泛的视频编辑软件之一。本书为Premiere Pro理论操作与实例制作相结合的学习教程。

1. 关于学习Premiere Pro时的软件版本问题

（1）版本的区别

Premiere Pro前身名为Premiere，诞生于1991年，在2002年升级至Premiere 6.5。

Premiere Pro于2003 年由Premiere全新改版后推出，即Premiere Pro V1.0。

Windows系统下最近几个版本为2008年 的Premiere Pro CS4（V4.0），2010年 Premiere Pro CS5（V5.0），2011年的Premiere Pro CS5.5（V5.5），2012年的Premiere Pro CS6（V6.0）和2013年的Premiere Pro CC（V7.0）。

（2）64位与32位软件的区别

Premiere Pro CS5版本之前为32位系统下的版本，Premiere CS5之后为64位系统下的版本，而Premiere CS5有64位与32位之分。64位与32位的区别，简单来说，是64位需要安装在对应的系统平台下，并且对内存、CPU等硬件利用率高，是编辑高清节目推荐高配中所必须包含的配置。

另一个重要区别是：安装的插件也有了64位和32位之间的不兼容，虽然64位插件在经历几年的时间之后也逐渐增多，但早期众多32位的、且没有升级到64位新版的插件，均无法安装使用。

（3）中英文版本的区别

Premiere Pro以前的版本均为外语版本，其中多年来在国内也一直有多个汉化的版本。Premiere Pro CC最终成为首个官方发布的简体中文版，对解决国内用户的语言障碍有重要意义。中文版相对于汉化版本，对软件稳定性、名词翻译的统一和学习交流都大有帮助。

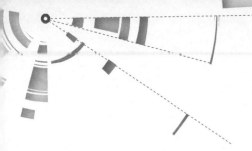

（4）新功能的需求

新版本软件总是有很多紧跟潮流的新增功能，也有很多性能的提升和改善，例如Premiere Pro CS6版本之后的画面稳定功能可以挽救很多抖动镜头，Premiere Pro CC版本的重复帧检测功能能避免了使用重复镜头的低级失误。新版本在对于更高清晰度影片的支持上和整体运算效率上也不断改善。在没有众多旧版本项目延续工作的情况下，新版本有新的起点，使用起来总是更易用、更高效。

2. 关于本书内容和学习方法

本书是由Premiere Pro首次推出的简体中文版Premiere Pro CC的初、中级教程，全书分为上、下两篇，各包含10个课程，每一课都配有理论与操作内容及强化实践的制作实例。

上篇：剪辑操作（每课设有5节知识点讲解和1节实例制作）

第1课	剪辑与Premiere Pro CC基本操作	第6课	字幕制作
第2课	导入和组织素材	第7课	图文动画
第3课	剪辑工具的操作	第8课	序列嵌套与多机位剪辑
第4课	通过源面板剪辑	第9课	校正素材和创建元素
第5课	固定效果与关键帧	第10课	导出设置与项目备份管理

下篇：效果应用（每课设有5节知识点讲解和1节实例操作）

第11课	视频过渡	第16课	键控效果
第12课	视频效果的使用	第17课	时间与速度
第13课	音频编辑	第18课	音频效果
第14课	认识各组视频效果	第19课	效果插件
第15课	调色效果	第20课	结合其他软件制作

通常影片中绝大部分的制作都是由软件的基本功能来完成的，这就需要制作者对软件的基本功能有较好的掌握。Premiere Pro 与大多数应用软件一样，具有较强的操作实践性，需要多动手操作，积累经验，掌握解决问题的多种方法。学好用好Premiere Pro，一方面需要依托于视频制

作的相关知识与剪辑理论，另一方面要打好软件的制作基础，规范自己的操作方式，养成良好的工作习惯。

Premiere Pro软件的行业特征比较明显，涉及的专业知识内容也非常多，本书针对国内制作行业常涉及的内容，选择设置学习内容和知识点，按初学者的学习进度进行教学。先学习上篇的"剪辑操作"，熟悉软件整体的功能操作，再学习下篇的"效果应用"，对制作中的专项效果作进一步了解并加以使用。每个课程先学习理论操作部分，再进行强化操作的实例制作。在制作实例遇到有难度的操作时，可以结合光盘的视频教程完成学习。

本书对于每个课程都设计了视音频案例，但因页数有限，多个实例讲解以电子版文档形式放在了随书光盘中，一方面扩展了本书的内容，另一方面也使教学内容更加增值。

通过本书的20个课程，相信学习者一定能在理论学习和实践制作两方面都有所收获。

3. 参编人员鸣谢

本书编写过程中，还要感谢包伟东、曹军、高宝瑞、胡娟、海宝、喇平、李业刚、李霞、刘兵、刘焱、马呼和、米晓飞、时述伟、杨红、张东旭、赵立君、周芹和朱樱楠等人的参与和帮助。

4. 附录与光盘

附录：

本书附录内容为Premiere Pro CC基本快捷键，其中精选了Premiere Pro CC中最基本、最常用的部分快捷键。对于工作量大的编辑制作来说，能使用键盘完成就应当尽量少使用鼠标，以提高效率和准确性，以养成良好的工作习惯。

光盘：

本书光盘内容包括20个课程对应的文件夹，其中包含有项目文件、素材文件、部分实例讲解电子版文档，以及20个课程中的实例效果、实例视频讲解教程。

课程中多个知识点的操作内容集中在一个操作项目文件中，与实例项目文件一同放在对应的课程文件夹内。

书中操作与实例大多为720P或1080P高清制作。

在学习时可以将内容复制到计算机中，推荐将光盘文件全部存放到"D:\ PrCC教程项目"文件夹中。每一课的操作和实例文件均在对应的文件夹中，书中将不作重复提示。

目录

C o n t e n t s

上篇 剪辑操作

下篇 效果应用

上篇
剪辑操作

Lesson 1

剪辑与Premiere Pro CC 基本操作流程

电影、电视、网络等视频媒体已经成为当前最为大众化的媒体形式，从好莱坞电影所创造的幻想世界，到电视新闻所关注的现实生活和铺天盖地的网络视频信息，无不深刻地影响着我们的世界。在过去，影视节目的制作只是专业人员的工作，似乎还笼罩着一层神秘的面纱。近十几年来，数字技术全面进入影视制作流程，计算机逐步取代了许多原有的影视设备，在影视制作的各个环节发挥着重大作用。

在刚开始使用计算机进行影视制作时，制作者所使用的一直是价格极端昂贵的专业硬件及软件，非专业人员很难有机会见到这些设备，更不用说熟练掌握这些工具来制作自己的作品。随着PC性能的显著提升以及价格的不断降低，影视制作从以前专业等级的硬件设备逐渐向PC平台上转移，原先身价极高的专业软件逐步移植到PC平台上，价格也日益大众化。同时影视制作的应用也从专业的电影电视领域扩大到计算机游戏、多媒体、网络、家庭娱乐等更为广阔的领域。

1.1 有关剪辑

1. 剪辑的来历

早期阶段的电影，只是将舞台剧原封不动地拍摄到胶片上，实际上是舞台剧的动态照相。在20世纪初，创作者们开始采用了分镜头的拍摄方法，将脚本内容分解为一个个不同的镜头并分别拍摄下来，电影的剪辑创作才正式开始。例如用近景、特写等镜头来突出细节，用全景、远景来介绍环境，用一系列短镜头的快速转换来制造气氛和节奏，从而使电影摆脱了舞台剧活动照相的约束。电影是由一个个镜头通过剪辑构成的，并成为一门独立的现代艺术，也由此产生了影视剪辑的艺术。

2. 剪辑师的工作

剪辑，本来是导演工作的一部分，而且是非常重要的部分。随着科学技术的不断发展，电影从早期的无声片进化到有声片，剪辑的工艺越来越复杂。特效、音效，加上电影表现手法的不断更新，导演需要管理的事情越来越多，于是剪辑师和剪辑助理就这样诞生出来了。剪辑师除了较完整地体现导演创作意图外，还可以在导演分镜头剧本的基础上提出新的剪辑构思，建议导演增加某些镜头或删减某些镜头，重新调整和补充原来的分镜头设计，以使影片的某个段落、某个情节的脉络更清楚，含义更明确，节奏更鲜明。剪辑师可以通过后期的剪辑制作对拍摄的影片进行必要的次度创作。此外，有些情况下导演的主要职责为前期的拍摄，后期的影片剪辑就主要由剪辑师来负责完成。

3. 蒙太奇

通常，在初次接触影视制作时会听到一个外来的名词叫"蒙太奇"，简单来说是一种技术手段的称谓，就是将不同镜头拼接在一起，产生各个镜头单独存在时所不具有的特定含义。在电影刚出现不久时，蒙太奇是剪辑影片时令人新奇的技法，而当前这种方法已司空见惯，所以蒙太奇这一名词逐渐较少提起。

4. 剪辑与编辑

影视剪辑制作是将前期拍摄或录制的视频、音频素材以及其他收集准备的视频、图像、音乐素材进行重新分解、组合、剪辑并构成一部完整电影的过程。剪辑制作通过对大量素材的选择、取舍和组接，最终编成一个能传达创作者意图的作品，是影视创作的主要组成部分，也是影视作品从拍摄到完成的一次再创作。

早期的影视制作主要以拍摄素材的剪切、组接为主，所以称为剪辑制作。在当前的制作中又加入了众多的效果处理，以及其他多种技术手段，在多个视频或音频轨道中对各类素材进行编排、合成，工作性质远远超出了简单的剪切、组接，所以又称为编辑制作。

同样，早期的视频剪辑软件也称为视频编辑软件。从专业的习惯，当前仍保留着剪辑制作、剪辑软件以及剪辑师的称谓。

5. 线性编辑与非线性编辑

"非线性编辑"的称呼对应于"线性编辑"。

线性编辑，是一种磁带的编辑方式，它利用电子手段，根据节目内容的要求将素材连接成新的连续画面的技术。通常使用组合编辑将素材顺序编辑成新的连续画面，然后再以插入编辑的方式对某一段进行同样长度的替换。要想删除、缩短、加长中间的某一段，还需要将那一段之后的画面抹去重录。线性编辑是早期电视节目的传统编辑方式，当前已被非线性编辑所取代。

非线性编辑借助计算机来进行数字化制作，几乎所有的工作都在计算机里完成，不再需要那么多的外部设备，对素材的调用也是瞬间实现，不用反反复复在磁带上寻找，突破了单一时间顺序的编辑限制，可以按各种顺序排列，具有快捷、简便、随机的特性。

非线性编辑需要安装专用的编辑软件，现在绝大多数的影视制作机构都采用了非线性编辑系统。

1.2　Premiere Pro CC简介

Adobe Premiere Pro是一款常用的视频编辑软件，由Adobe公司推出，广泛应用于影视、广告等视频剪辑制作中。早在1991年，该软件便以Premiere的名称推出，版本从Premiere Pro 1.0发展到Premiere Pro 6.5。在2003年软件经历了较大的改变，重新以Adobe Premiere Pro的名称推出，版本从Premiere Pro 1.0发展到Premiere Pro 6.0（Adobe Premiere Pro CS6）。当前以Adobe Premiere Pro CC的名称推出了新的版本（简称Pr CC），同时沿用了Premiere Pro 7.0的版本序号。值得一起的是，Adobe Premiere Pro CC发布了官方简体中文版，对于国内的使用者带来前所未有的便利。Premiere Pro CC的启动画面如图1-1所示。

图1-1
Premiere Pro CC的启动画面

Adobe Premiere Pro CC视频制作软件可以将视频、音频、图像等素材进行剪切、组接、校正颜色、稳定画面、添加过渡、应用多种效果、制作字幕、合成音频、添加声效等编辑制作，并通过再次编码，将编辑制作的结果导出到磁带或生成用于电影、电视、光盘、网络、移动设备或其他再制作素材等各种用途的视频及多媒体文件。

Adobe Premiere Pro在早期即建立了在PC上编辑视频的行业标准，是学习视频制作的首选软件之一，在流行的视频制作域拥有广大的使用者和爱好者。同时，Adobe Premiere Pro CC把广泛的硬件支持和坚持独立性结合在一起，能够支持高清晰度和标准清晰度的影视制作，是一款功能综合，具有影视制作专业级别的视频编辑软件。

1.3　Premiere Pro CC界面工作区及操作

1. Premiere Pro CC主操作界面

启动Premiere Pro CC之后，会出现"欢迎使用 Adobe Premiere Pro"的界面，在其中可以新建项目或打开已有项目，也可以将"启动时显示欢迎屏幕"前的勾选取消，这样在以后启动Premiere Pro CC时会直接进入主操作界面。欢迎屏幕如图1-2所示。

图1-2 Premiere Pro CC的欢迎屏幕

在欢迎屏幕中单击"打开项目"，选择本课对应项目文件夹中的项目文件，打开一个已存在的项目文件，进入软件操作的主界面，如图1-3所示。

图1-3 Premiere Pro CC的操作主界面

2. 主要面板

在Premiere Pro CC操作界面有多个面板，可以根据操作需要进行不同排列方式的调整。软件对几种常用操作下的界面排列进行了预设，这种以不同排列方式的预设称为工作区，可以选择菜单"窗口>工作区"，在其下选择相应的工作区，即可切换为不同面板排列方式的工作界面。Premiere Pro CC的界面默认为"编辑"工作区界面，在其中显示了以下几个主要面板，如图1-4所示。

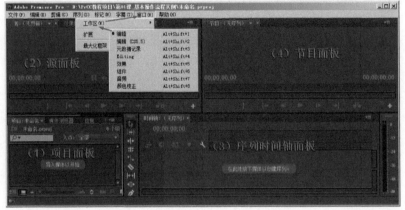

图1-4 主要面板

（1）项目面板：项目文件的首要面板，所有导入的视频、音频和图像素材都存放在项目面板中，所建立的用来进行素材编辑的序列，以及字幕、建立的遮罩等也都位于项目面板中。项目面板管理着整个项目文件的各项内容，具体的影片剪辑在其中的序列内。

（2）源面板：也称为源监视器，可以回放各个剪辑。在源面板中，可也准备要添加至序列的素材，设置入点和出点，并指定素材的视音频目标轨道，也可以插入素材标记以及将素材添加至序列时间轴面板中。源面板与节目面板的不同之处在于所显示的画面为未经编辑的单个原始素材画面。

（3）序列时间轴面板：在项目面板中建立和存放着序列，打开序列后显示其时间轴面板，在时间轴面板中有多个视频轨道和音频轨道，用来对来自项目面板的视频、音频、图像、字幕等素材进行编辑制作，是制作中主要的操作面板。

（4）节目面板：也称为节目监视器，可以回放正在序列时间轴中编辑的素材，并可以设置序列标记并指定序列的入点和出点。在节目面板中所显示的画面是时间轴中多个视频轨道素材经过编辑合成后最终显示的效果画面。

3. 界面布局的调整

与通用软件界面的操作一样，对于Premiere Pro CC软件界面的这些面板，可以通过使用鼠标在面板边缘拖动来调整大小，可以关闭或重新打开某个面板。关闭后的面板可以在菜单"窗口"下再次选择，以重新打开。

（1）当操作界面的面板显示或排列状态不理想时，可以通过"窗口>工作区"菜单来选择适合的排列状态。

（2）如果工作区的排列被改变，可以使用该菜单中的"重置当前工作区"来恢复默认的排列状态。

（3）可以通过该菜单中的"自定义工作区"将自己排列好的界面布局保存为自定义的工作区，以备选择使用。

1.4 首选项设置

在初次使用Premiere Pro CC时，通常需要对软件进行一些适合自己的预设，合理发挥软件优势，减少多次遇到相同情况时的修改操作。可以选择菜单"编辑>首选项"，在其下选择相应的选项，打开"首选项"设置窗口进行设置。对于国内制作使用者，通常在"首选项"下预设以下选项。

1. 自动保存

在"首选项"的"自动保存"下，勾选"自动保存项目"复选框，并设置对自己合适的"自动保存时间间隔"，以及"最大项目版本"。其中"最大项目版本"数量推荐设置大一些，否则会循环覆盖之前的版本，影响自动保存历史版本的作用，如图**1-5**所示。

图1-5 自动保存

2. 缓存文件位置

在"首选项"的"媒体"选项中，将"媒体缓存文件"和"媒体缓存数据库"的存放位置更改为计算机系统盘之外的其他磁盘下，这样可以减小对系统盘的影响。

3. 导入动态序列图像的帧速率预设

在"首选项"的"媒体"选项中，将"不确定的媒体时基"选择为"**25.00fps**"后，在导入动态序列图像等不确定帧速率的文件时，可以默认按每秒25帧的PAL制式设置来导入，适合国内视频的制作使用，如图**1-6**所示。

图1-6 缓存文件位置和帧速率预设

4. 静止图像与过渡的长度预设

在"首选项"的"常规"选项中，可以对"视频过渡默认持续时间""音频过渡默认持续时间"和"静止图像默认持续时间"进行设置。这样在设置完之后，导入静止图像及添加过渡的时长将按预设的长度设置为默认长度。虽然还可以在制作中对图像的时长或过渡的长度进行修改，但在大量的制作中预设合适的长度可以减少制作中的修改量，如图1-7所示。

图1-7 静止图像与过渡的长度预设

提示 如果要恢复默认首选项设置，可以在启动Premiere Pro CC的同时按住Alt键不放，等软件启动之后放开Alt 键即可。

1.5 基本操作流程

在使用Adobe Premiere Pro CC对素材进行加工编辑而得到最终成片的制作过程中，有一个基本的操作流程。在这个较为全面的流程步骤中，根据不同实际情况，在制作中可能会改变部分顺序或省略部分步骤。这个基本操作流程如下：

（1）启动软件、新建或打开项目；

（2）捕捉或导入素材；

（3）建立序列、放置和剪辑素材；

（4）添加字幕或图标；

（5）添加过渡或效果；

（6）调整音频；

（7）导出和备份。

下面将按这个流程进行一个实例的操作演示。

1.6　实例：基本操作流程实例

在这里将按照Adobe Premiere Pro CC的基本操作流程进行一个实例的制作，就像实例中的化蛹为蝶一样，利用Premiere Pro CC这个强大的视频编辑软件，按照基本的操作流程进行制作，就可以将几段普通的素材制作成为精彩的视频短片。实例效果如图1-8所示。

图1-8 实例效果

本例的制作请参见本教程光盘中的详细文档教案与视频讲解。

1.7　小结与课后练习

本课从有关剪辑的来历、剪辑与编辑、线性编辑与非线性编辑的预备内容讲起，对Premiere Pro CC软件的基础操作进行初步的讲解。先讲解软件的基本界面，包括介绍几个常用的面板：项目面板、源面板、序列时间轴面板和节目面板，并学习基本的界面调整操作；接着介绍初次使用Premiere Pro CC的几项首选项设置；最后进行实例制作来实践Premiere Pro CC的基本操作流程。

课后练习说明

　　将音乐剪切短一些，使用本实例中的素材，重新建立项目和序列，自己进行一次完整的流程操作，剪辑一个时长不同的短片。

Lesson 2

导入和组织素材

知识点：

1. 导入常规的素材；
2. 导入几种不同设置的素材；
3. 导入和合并项目文件；
4. 在Pr CC中管理素材；
5. 建立序列并按不同顺序添加素材到序列。

Premiere Pro CC是一款剪辑制作软件，即以剪辑素材为主，不同于一些三维制作软件或特效制作软件那样可以单纯利用软件和制作方案，创建虚拟动画或效果。Premiere Pro CC面向处理实拍的视频、音频素材、同期的录音素材以及为制作节目收集准备的其他视频、音乐、图像等素材，并将这些素材剪辑处理成需要的最终成片。在使用Premiere Pro CC软件之前，通常都准备好了相关的素材。

这些素材的来源中，拍摄素材通常占大多数。在以前使用磁带摄像机较多的时期，

通常需要使用Premiere软件"文件"菜单下的"捕捉"或"批量捕捉"功能来进行模拟信号的数字化转换，这需要专业的录放机输出设备和采集卡输入设备，通过视频或音频线路的连接，将磁带的视频、音频内容捕捉到计算机磁盘。当前摄像机数字化之后，广泛采用数字存储设备，使用闪存卡或磁盘存储拍摄的内容为文件形式，这样在使用时只需简单的复制即可。使用一系列设备的捕捉方法也即将被淘汰。

Premiere Pro CC对于拍摄或其他来源准备的素材文件，通过简单的导入命令放置到项目面板之后，就可以利用其进行制作了。Premiere Pro CC广泛支持主流的制作素材，在导入这些素材的操作中，对于一些特殊的素材文件，例如图像序列或分层图像，需要进行相对应的设置操作。

2.1 导入素材

Premiere Pro CC导入素材的方法有多种，在打开的软件操作界面中，可以采用以下的方式导入素材。

（1）选择菜单"文件>导入"，打开

"导入"窗口，在其中选择一个或多个文件，单击"打开"按钮，将素材文件导入到项目面板。

（2）可以在打开的"导入"窗口中选择一个包含素材文件的文件夹，然后单击"导入文件夹"按钮，将该文件夹下的素材文件导入到项目面板。

（3）从软件外部的资源管理器选中素材文件并将其直接拖至项目面板中，将其导入。

（4）还可以使用软件内部的"媒体浏览器"面板来定位和展开素材文件夹，将素材拖至项目面板中。

（5）通常可以使用快捷键Ctrl+I，或者双击项目面板的空白处，这样打开"导入"窗口。可以在右下部的下拉列表中查看可以导入的文件格式，如图2-1所示。

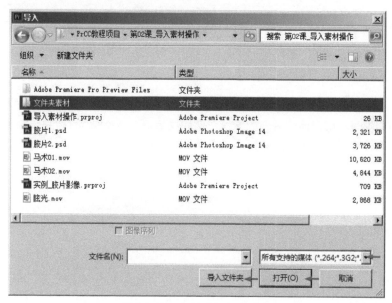

图2-1 打开文件或导入文件夹

2.2   图像文件的导入设置

1. 导入图像序列文件

在导入的素材文件中，有一种由动画软件制作或逐帧拍摄生成的连续的图像文件，可以将其导入为动态的效果。按导入文件的方式打开"导入"窗口，在其中选中连续图像中的第一个文件，选中"图像序列"选项后，单击"打开"按钮，将这些连续的图像文件以视频动画的方式导入到项目面板中。

图像序列中每秒的画面数量由"首选项"中的预设来决定。由于这里已按前一章的预设，即在"编辑>首选项>媒体"下将"不确定的媒体时基"选择为**"25fps"**，所以在这里将序列图像导入为视频动画时，将按每秒25帧的帧速率。

以下将对比勾选"图像序列"选项和不勾选该选项时所导入素材的状态，前者为动态视频，后者为静止图像，如图2-2所示。

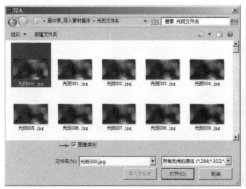

图-2-2 对比导入的图像序列和静止图像

2. 导入分层图像文件

（1）在图像文件中有一种分层的类型，例如Photoshop的PSD分层图像。使用Premiere Pro CC导入这种文件时，可以保留分层的属性。例如这里导入一个包括4个图层的分层文件"胶片.psd"，会弹出导入分层文件的提示对话框，在其中的"导入为"选项中，有4个选择项，当选择"合并所有图层"时，会将所有图层合并，导入为一张普通的图像，如图2-3所示。

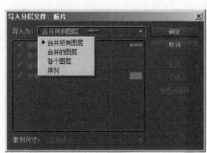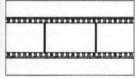

图2-3 导入时合并所有图层

（2）当选择"合并的图层"时，可以有选择地合并图像文件中的部分图层，将其导入。例如选择其中的两个图层，如图2-4所示。

图2-4 导入时合并选择图层

（3）当选择"各个图层"时，会将每个图层作为一个图像文件导入项目面板。其中"素材尺寸"选择为"文档大小"时，各图层将统一按文档尺寸导入项目面板，如图2-5所示。

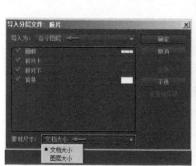

图2-5 导入时按文档大小

（4）当选择"各个图层"，并且将"素材尺寸"选择为"图像大小"时，各图层均按自身图像尺寸导入，如图2-6所示。

图2-6 导入时按图层大小

（5）当选择"序列"时，会在导入各图层的同时建立一个包含各层的序列，导入项目面板之后，双击序列打开其时间轴查看，可以看到在各视频轨道放置着分层图像，如图2-7所示。

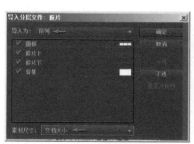

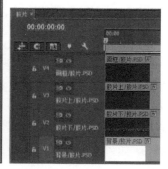

图2-7 按序列导入

2.3 项目文件的导入和合并

除了导入视频、音频、图像素材之外，Premiere Pro CC还可以在一个项目文件中导入软件制作的其他项目文件，将项目文件合并到一起进行制作。当打开"导入"窗口，选中一个Premiere Pro CC项目文件，单击"打开"按钮时，会弹出"导入项目"选项对话框，提示"项目导入类型"的两个选项："导入整个项目"或"导入所选序列"。选择前者单击"确定"按钮，将所选项目原封不动地导入到项目面板中。选择后者单击"确定"按钮，将打开"导入Premiere Pro序列"的选项对话框，在其中列出将要导入项目文件中所包含的所有序列，可以在其中选择一个或多个序列，单击"确定"按钮，将所选序列或所使用的素材一同导入项目面板中，如图2-8所示。

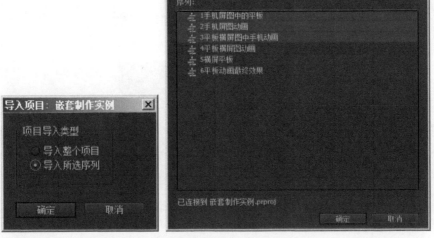

图2-8 导入项目文件

2.4 管理素材

项目面板是使用Premiere Pro CC进行编辑制作的首要面板，在项目面板中可以进行以下基本操作。

1. 使用略览图

项目面板默认以"列表视图"的方式显示素材内容，单击项目面板左下部的"图标视图"按钮，切换为缩览图的显示方式，在这种方式中素材均以小画面的方式来显示。小画面的大小可以通过"图标视图"按钮右侧的缩放滑条来调节。其中可以使用鼠标在视频画面上左右移动，不用按键即可预览视频的动态效果，或者按下鼠标，显示出视频动态的进度条，在其上拖动滑块预览视频，如图2-9所示。

图2-9 使用缩览图和滑动预览

　　另外在项目面板的左上角也显示选中素材的缩览图，对于视频素材，默认显示首帧画面。当首帧画面无法体现当前素材的内容，或有多个首帧画面相同的素材时，可以使用左上角缩览图左侧的"标识帧"按钮来选择对某一帧进行显示。例如对于其中两个首帧相同的素材，在左上角缩览图中调整滑条，显示合适的画面后，单击"标识帧"按钮，以区别开素材的显示。同样，也可以对另外几个素材标识更易识别内容的显示画面，如图2-10所示。

图2-10 设置缩览图识别帧画面

2. 使用素材箱

　　当项目面板内容较多时，可以在面板中建立素材箱来分类放置，有效管理面板中的内容。单击项目面板右下部的"新建素材箱"按钮，即可建立一个类似文件夹的素材箱，可以建立多个，分别命名各素材箱并将相应的素材拖至其中。单击素材箱前面的小三角形图标可以展开或收合素材箱，也可以双击某个素材箱打开其独立的浮动面板，如图2-11所示。

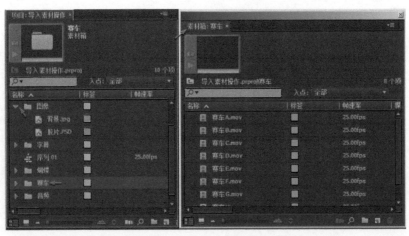

图2-11 建立素材箱和打开其浮动面板

3. 素材文件使用情况

在项目面板右上角单击后弹出菜单，选择弹出菜单中的"元数据显示"，打开"元数据显示"选项设置窗口，展开"**Premiere Pro**项目元数据"，在其下将"视频使用情况"和"音频使用情况"勾选，如图2-12所示。

图2-12 使用元数据显示

此时将在项目面板中显示出相应的栏列，可以将所需要的栏列拖动至面板左侧靠前的位置，以方便查看。在"视频使用情况"栏显示了各个素材的使用情况，数字代表使用次数，没有数字则表明暂未使用。在数字上单击将弹出下拉列表，显示当前素材在哪些序列中被使用，并显示在序列时间轴中的时间位置，单击选中某一列表后将打开其序列时间轴，以方便快速找到其具体应用位置，如图2-13所示。

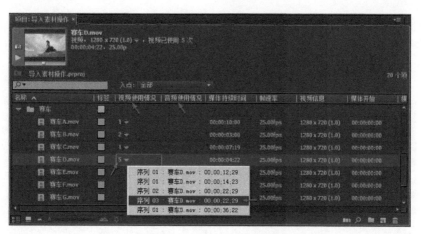

图2-13 显示素材的使用情况

4. 复制和重命名

对于项目面板中的素材文件、序列、素材箱等，用鼠标单击其名称，或者选中名称后按Enter键，都可以将其名称激活为修改状态，可以为其重新命名，以方便在制作中的识别。

5. 排序和查找

在项目面板的每个栏列上单击，都可以按当前栏进行排序，重复单击可以切换按顺序或按倒序的方式排列显示素材。在面板左上部有搜索栏，在其中输入部分文字可以显示出含有相符字样的素材名称。

2.5　建立序列和添加素材

1. 建立序列的方法

将素材导入到Premiere Pro项目面板之后，下一步的操作就是要建立序列，将素材放置到序列中进行正式的编辑制作。建立序列的操作也有多种方式可以选择。

（1）选择菜单"新建>序列"；

（2）在项目面板空白处单击鼠标右键并选择"新建项目>序列"；

（3）单击项目面板右下部的"新建项"按钮并选择"序列"菜单；

（4）按快捷键Ctrl+N。

通过这些方法都可以打开"新建序列"窗口。在"新建序列"窗口中可以选择相应的预设建立序列，以建立序列并打开序列的时间轴面板。

2. 添加素材到序列的排序方法

打开序列的时间轴面板之后，就可以将项目面板中的素材向时间轴的轨道中拖放，为序列添加素材。

在项目面板下方有一个"自动匹配序列"按钮，可以在项目面板中按顺序选择素材并自动添加到时间轴中，例如这里在项目面板中配合Shift键选中"赛车A.mov"至"赛车H.mov"，单击

"自动匹配序列"按钮，打开"序列自动化"对话框，在其中将"转换"下的"应用默认视频过渡"复选框的勾选取消，将"顺序"选择为"排序"，单击"确定"按钮，如图2-14所示。

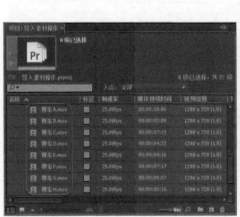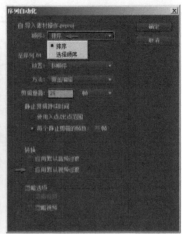

图2-14 按排序方式进行自动化排序

在这里自动将素材按文件名称排序添加到时间轴轨道中，如图2-15所示。

图2-15 按排序方式将素材放置到时间轴轨道中

如果在项目面板中选择单击"赛车H.mov"，然后在按住Shift键的同时选择"赛车A.mov"，在"序列自动化"对话框中将"顺序"选择为"选择顺序"，单击"确定"按钮，在时间轴中的顺序将以选择素材文件时的顺序来排列，如图2-16所示。

图2-16 按选择顺序放置到时间轴轨道中

通常在使用"自动匹配序列"时，可以打开项目面板中的"图标视图"按钮，在项目面板中拖动以调整各个素材的前后顺序，然后选中这些素材，单击"自动匹配序列"按钮，如图2-17所示。

图2-17 使用缩览图调整素材顺序

这样，将会按调整的顺序将素材添加到时间轴中，如图2-18所示。

图2-18 按缩览图顺序将素材放置到时间轴轨道中

2.6　实例：导入素材制作效果影片

本例将在Premiere Pro CC中导入几种素材文件，包括视频素材、音频素材、背景图像、分层图像以及动态序列图像素材，根据相应的导入设置，将素材以符合制作要求的方式导入到Premiere Pro CC中，进行叠加合成，将普通的视频画面制作成胶片效果的影片。实例效果如图2-19所示。

图2-19 实例效果

本例的制作请参见本教程光盘中的详细文档教案与视频讲解。

2.7　小结与课后练习

本课首先学习导入素材的基本操作方法，并对图像序列素材和分层图像素材的相关设置进行讲解，同时软件的项目文件也可以被导入。然后学习了在项目面板中内容较多时的管理方法，接着学习建立序列和按不同顺序添加素材到序列时间轴的方法，最后导入几种素材文件制作效果影片。

课后练习说明

使用不同的导入方式来导入分层图像素材，制作本例的效果，并从本书光盘中使用其他视频素材替换胶片的内容。

剪辑工具
的操作

知识点：

1. 以合适的形式显示剪辑工具；
2. 分类区分简单和复杂的剪辑工具；
3. 学习选择、剃刀等工具；
4. 了解波纹、滚动、外滑、内滑工具的区别；
5. 使用剪辑工具进行操作实践。

Premiere Pro CC的基本功能是剪辑视频素材，剪辑操作不仅仅是简单的分割和连接，而是一种综合的操作技巧和剪辑艺术。为了配合复杂剪辑的各种需求，Premiere Pro CC提供了十余种剪辑工具。对于简单的剪辑，使用选择和分割工具就能应付，而对于复杂的剪辑，需要熟练运用各个剪辑工具，配合相应的快捷键进行操作，才能完全精准、高效的剪辑制作。

3.1 剪辑工具的显示和停靠

Premiere Pro CC的剪辑工具位于工具面板中，可以放置在时间轴或其他面板一侧，也可以浮动在操作界面中，在其弹出菜单区域单击鼠标右键，在弹出的菜单中选择"停靠在选项面板内"，可以将其添加到软件菜单下的选项栏中。停靠的前提是已在"窗口"菜单下勾选了"选项"，并将其显示在菜单之下，如图3-1所示。

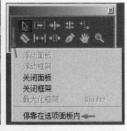

图3-1 工具面板及停靠到选项栏中的显示方式

在初学剪辑工具的使用时，将鼠标移至工具上会显示其名称和快捷键提示，如果没有显示提示，可以选择菜单"编辑>首选项>常规"，在打开的"首选项"窗口中将"常规"选项底部的"显示工具提示"勾选即可。

3.2　选择、手形和缩放工具

1. 选择工具

选择工具 ▦ （快捷键V）：可以对用户界面中的素材、菜单项和其他对象进行选择，是 Premiere Pro CC中最常用的工具，大多数情况下都处于选择工具的状态，在使用其他工具时按一下V键，将切换回选择工具的状态。

在时间轴中，通过选择工具可以单击选中素材，或者按下鼠标左键后拖动鼠标进行框选，以选中多个素材。也可以在按住Shift键的同时单击多个素材，将这些素材一同选中。

选择工具还可以用来直接拖动轨道中素材的两端，用挤压的方式来剪切素材入点或出点的部分内容。

2. 手形工具

手形工具 ▦ （快捷键H）：可以向左或向右移动时间轴的查看区域，在放大的监视器面板中拖动以查看局部。

3. 缩放工具

缩放工具 ▦ （快捷键Z）：直接单击为放大，在按住 Alt 键时切换为缩小，用来以1倍为增量放大或缩小时间轴的查看区域，如图3-2所示。

  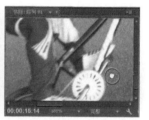

图3-2 选择工具、缩放工具、手形工具

3.3　剃刀和轨道选择工具

1. 剃刀工具

剃刀工具 ▦ （快捷键C）：可以在单击位置分割素材，在按住 Shift 键时可以分割多轨素材，如图3-3所示。

图3-3 剃刀工具分割单轨及多轨素材

2. 轨道选择工具

轨道选择工具 （快捷键A）：在时间轴轨道中单击时将选择当前轨道右侧的所有素材，在按住 Shift 键时将切换到多轨道选择工具，如图3-4所示。

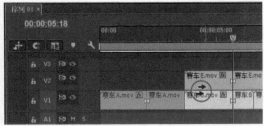

图3-4 单轨道及多轨道选择工具

3.4 钢笔工具和比率拉伸工具

1. 钢笔工具

钢笔工具 （快捷键P）：可以设置或调整关键帧、路径、曲线，可配合Ctrl键、Shift键或框选操作。

2. 速率拉伸工具

速率拉伸工具 （快捷键R）：可以改变素材的速度比率，如图3-5所示。

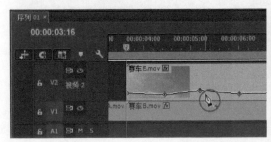

图3-5 钢笔工具和速率拉伸工具

3.5 波纹、滚动、外滑与内滑工具

1. 波纹编辑工具

波纹编辑工具 （快捷键B）：可以修剪素材并按修剪量来移动轨道中的后续素材，如图3-6所示。

图3-6 波纹工具修剪影响后续素材偏移

2. 滚动编辑工具

滚动编辑工具 ![] （快捷键N）：可以同时将相邻出点和入点修剪相同数量的帧，如图3-7所示。

图3-7 在两个素材间使用滚动编辑工具调整剪辑点

3. 外滑工具

外滑工具 ![] （快捷键Y）：可以通过一次操作将素材的入点和出点前移或后移相同的帧数，保留入点和出点间的时间间隔不变。相当于在前后两个素材片段的下方轨道左右滑动，改变操作对象本身的内容显示范围，前后两个素材无变化。外滑工具的操作状态和效果示意如图3-8所示。

图3-8 外滑工具及等效素材关系示意

4. 内滑工具

内滑工具 ![] （快捷键U）：可以将时间轴内某个素材向左或向右移动，同时修剪其前后两个素材，3个素材总持续时间不变。相当于在前后两个素材片段的上方轨道左右滑动，不改变操作对象本身的内容，前后两个素材的显示内容受影响。内滑工具的操作状态和效果示意如图3-9所示。

图3-9 内滑工具及等效素材关系示意

3.6 实例：剪辑工具操作实例

本例使用了一组赛车视频的镜头和一段音乐，将视频按音乐的节奏剪辑成一个短片，其中使用了多个剪辑工具来进行具体的剪辑操作，实例效果如图3-10所示。

图3-10 实例效果

本例的制作请参见本教程光盘中的详细文档教案与视频讲解。

3.7 小结与课后练习

本课专门学习所有的剪辑工具，在学习这11种工具时，可以总结为3个过程来学习：首先认识简单常用的工具，例如选择工具、手形工具、缩放工具、剃刀工具和轨道选择工具；然后了解两个易懂的钢笔工具和速率拉伸工具；最后进一步对比学习波纹、滚动、外滑和内滑工具的用途和区别。通过学习和操作实践，在实际操作中灵活使用这些剪辑工具。

课后练习说明

利用实例素材，按自己的想法来重新剪辑实例短片，其中使用不同的剪辑工具进行剪辑操作。

Lesson 4

通过源面板剪辑

知识点：

1. 源面板的作用；
2. 源面板的基本操作；
3. 从源面板向时间轴轨道中添加单独的视频或音频；
4. 三点编辑；
5. 四点编辑。

传统的影片制作是在编辑机上进行的，通常有一台放像机和一台录像机，通过放像机选择一段合适的素材，然后把它记录到录像机中的磁带上，然后再寻找下一个镜头，接着进行记录工作，如此反复操作，直至把所有合适的素材按照节目要求全部顺序记录下来。相比较而言，Premiere Pro CC的源面板就相当于放像机，显示时间轴内容的节目面板就相当于录像机，其寻找和记录内容片段的依据则是在源素材与目标节目上打点标记，也就是各自的出点与入点。

Premiere Pro CC源面板的主要作用就是打开和播放一个素材，包含视频和音频，然后在其中使用入点和出点设置来选取所需要的部分，添加到时间轴参与编辑制作。入点与出点设置不仅在老式的线性编辑中至关重要，在当前的剪辑操作中也不可或缺。

在以前使用模拟的磁带设备所拍摄的素材时，通常会将多个镜头保存在一个素材中，剪辑时需要先将长素材分割为多个较短的镜头，在编辑中再从较短的镜头中剪出所需要的片段。当前的数字摄影设备则可以将每一个镜头保存为一个素材文件，在编辑制作中从各个素材中选取中间关键的部分片段来使用。无论是对较长的多镜头素材还是较短的单镜头素材，在编辑制作过程中，尤其是在修改替换镜头的操作中，源面板都有重要的作用。

4.1　将素材在源面板中打开

1.打开素材

在项目面板中双击素材，可以将其在源面板中打开，也可以直接将素材从项目面板中拖至源面板，以这样的形式来打开。在源面板左上部的标签下单击下拉列表，可以在其中切换显示素材，或者关闭素材的显示，如图4-1所示。

图4-1 在源面板打开素材

提示　也可以直接从外部的资源管理器等来源，直接将素材拖至Premiere Pro CC的源面板，而不经过导入项目面板的操作，这样可以先进行播放预览再决定是否导入和使用素材对象。

2. 在源面板切换视频和音频

对于音频素材或包含音频的视频素材，可以在源面板中播放监听音频的声音和显示音频波形。对于视音频素材，双击源面板画面下部的音频图标，将切换为显示音频波形，如图4-2所示。

图4-2 切换视频和音频显示

4.2　在源面板中修剪素材

1. 在源面板中修剪素材

将素材在源面板中打开后，可以使用源面板的入点和出点设置来修剪素材。例如这里在项目面板双击"马车01.mov"，将其在项目面板打开，准备进行素材修剪的操作。

在面板显示宽度较小的状态下将会隐藏部分操作按钮，拉宽后显示出入点和出点标记按钮之后，播放或拖动时间指示器，在第1秒处单击入点按钮（快捷键为I）添加入点标记，在3秒24帧处单击出点按钮（快捷键为O）添加出点标记，这样使用标记点设置，在源面板中初步剪辑出3秒的视频片段，如图4-3所示。

图4-3 显示面板按钮和设置入点和出点

2. 在项目面板中区分素材时间的显示

此时在项目面板中左上角对应当前素材所显示的信息中，长度将会改变为3秒，如果需要了解时长改变的原因，可以对照"媒体持续时间"与"视频持续时间"来掌握当前素材的状态，如图4-4所示。

图4-4 区分素材时间显示

4.3　从源面板添加视频或音频

1. 从源面板添加视音频

向时间轴中添加素材时，可以直接从项目面板中选择素材向时间轴轨道中拖动，也可以先通过源面板进行初步的修剪，再添加到时间轴。从源面板向时间轴添加素材的简单方法是直接用鼠标从源面板将素材拖至时间轴轨道中即可。在源面板中的素材如果同时包含视频和音频，可以同时向时间轴添加视音频，如图4-5所示。

图4-5 向时间轴添加视音频

2. 从源面板仅添加视频或音频

针对源面板中的视音频素材，也可以只选择其中的一项来添加，例如将鼠标指针移至视频图标上并按下鼠标不放，可以将其中单独的视频部分拖至时间轴的视频轨道中，如图4-6所示。

图4-6 向时间轴单独添加视频

4.4 三点编辑

1. 三点编辑原理

三点编辑与四点编辑是传统编辑的标准方法。在三点编辑中，标记两个入点和一个出点，或者标记两个出点和一个入点。无需主动设置第4个点，通过其他3个点即可推测出另一个点。在典型的三点编辑中，指定源剪辑的开始和结束帧（源的入点和出点）以及该素材在序列中的开始时间（序列的入点），素材在序列中的结束位置（未指定的序列出点）将通过已定义的3个点自动确定。

2. 三点编辑操作流程

（1）在时间轴中确定入点或出点。例如这里在时间轴中确定两个点，分别为第3秒的入点和第4秒24帧的出点。

（2）在源面板中打开素材。例如这里双击项目面板中的"马车02.mov"，将其在源面板中打开。

（3）在源面板中设置入点或出点。例如这里在源面板中确定一个点，为第1秒的入点。

（4）确定时间轴的目标轨道。例如这里在时间轴中保持V1轨道为高亮选中状态的目标轨道。

（5）在源面板中可以执行添加，有两种方式：在插入编辑时单击"插入"按钮（快捷键为"，"）；在覆盖编辑时单击"覆盖"按钮（快捷键为"．"）。例如这里使用"覆盖"方式添加，如图4-7所示。

图4-7 确定3个点并进行覆盖

这样，进行了一个三点编辑操作，根据时间轴中2秒时长的两点范围，从源面板的第1秒计算，选取2秒长的视频片段覆盖到时间轴的入点与出点之间，如图4-8所示。

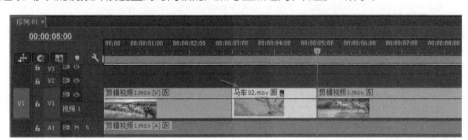

图4-8 三点编辑的结果

在三点编辑操作中，可使用任意3个点的组合完成编辑。例如，有时素材在序列中的结束点要比开始点更为重要。在这种情况下，3个点应包括源的入点和出点以及序列的出点。

4.5　四点编辑

1. 四点编辑的用途

在四点编辑中，标记源面板中的入点和出点，以及序列时间轴中的入点和出点。四点编辑的主要用途在于：当源面板中的素材和序列时间轴中的开始和结束帧都至关重要时，四点编辑会很有用。如果标记的源和序列持续时间不同的话，Premiere Pro CC会针对差异弹出对话框选项，提供备选的解决方案。

2. 四点编辑操作流程

（1）在时间轴中确定入点和出点。例如这里在时间轴中确定的两个点分别为第2秒的入点和第4秒24帧的出点，范围时长为3秒。

（2）在源面板中打开素材。例如这里双击项目面板中的"马车03.mov"，将其在源面板中打开。

（3）在源面板中设置入点和出点。例如这里在源面板中确定的两个点分别为第1秒的入点和第2秒24帧的出点，范围时长为2秒。

（4）确定时间轴的目标轨道。例如这里在时间轴中保持V1轨道为高亮选中状态的目标轨道。

（5）在源面板中可以执行添加，有两种方式：在插入编辑时单击"插入"按钮（快捷键为"，"）；在覆盖编辑时单击"覆盖"按钮（快捷键为"."）。例如这里使用"覆盖"方式添加，如图4-9所示。

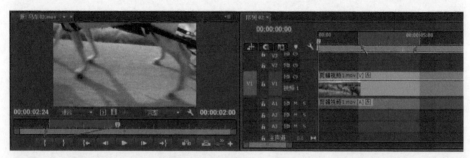

图4-9 确定4个点并覆盖

（6）匹配设置。当源面板与时间轴中的两对入点和出点的范围时长相同时，将顺利完成四点编辑。如果两对入点和出点的范围时长不同，将弹出匹配选项的提示对话框。这里因为范围时长不同，弹出了提示对话框，其中各项含义如下。

更改剪辑速度（适合填充）：保持源素材的入点和出点，但更改素材的速度以使其范围时长匹配时间轴中的范围时长。

忽略源入点：自动更改源素材的入点，使其范围时长匹配时间轴中的范围时长。

忽略源出点：自动更改源素材的出点，使其范围时长匹配时间轴中的范围时长。

忽略序列入点：自动更改序列时间轴中的入点，使其范围时长匹配源面板中的范围时长。

忽略序列出点：自动更改序列时间轴中的出点，使其范围时长匹配源面板中的范围时长。

其中后4个选项相当于执行了相应的三点编辑操作。

这里选择第一项，使用更改源面板中素材的速度以使其范围时长匹配时间轴中的范围时长。可以看到素材速度变化的提示，如图4-10所示。

图4-10 确定选项方式的四点编辑

4.6　实例：三点、四点剪辑实例

在前一课中讲解了使用剪辑工具进行剪辑操作，这里将学习通过素材的源面板来进行剪辑操作。本例使用几段马车的视频素材和一段音乐素材，专门使用源面板进行三点和四点的剪辑操作。在掌握剪辑工具和三点、四点编辑之后，在以后的操作中就可以按需求选用合适的剪辑方式，提高制作效率。实例效果如图4-11所示。

图4-11 实例效果

本例的制作请参见本教程光盘中的详细文档教案与视频讲解。

4.7　小结与课后练习

本课讲解了对素材在源面板中进行剪辑的相关内容，学习将视音频素材在源面板中打开，在源面板中修剪素材，向时间轴添加视频、音频的方法。其中需要掌握三点编辑和四点编辑的原理和操作方法，区分两者的不同，在剪辑过程中灵活使用多种剪辑手法。

课后练习说明

重新建立序列，根据自己对音乐节奏的划分方式添加镜头画面，并利用三点编辑和四点编辑的功能优势，不分顺序，根据音乐的划分，先添加后面镜头、再添加前面镜头的操作方法来进行剪辑。

固定效果
与关键帧

知识点：

1. 视频素材固定效果中的运动和不透明度；
2. 音频素材固定效果中的音量、声道和声像器；
3. 关键帧几种基本常用的操作；
4. 关键帧插值的效果和用法；
5. 在时间轴中的关键帧显示操作。

除了对添加到序列时间轴中的素材进行剪切之外，很多操作可以在"效果控件"面板中进行。时间轴上的每个素材片段都有固定的效果属性，固定效果可以控制素材片段的固有属性，当选中某一素材片段后，"效果控件"面板就会显示其固定效果。固定效果内置于每个素材片段中，在制作中只需调整它们的属性来激活它们。而通过效果属性中的关键帧设置，则可以制作需要的动画效果。

5.1　运动属性和不透明度

固定效果位于"效果控件"面板，"效果控件"面板如未显示，可以在菜单"窗口"下选择"效果控件"，或者快捷键为Shfit+5，以打开"效果控件"面板。

"运动"和"不透明度"是素材片段在固定效果中常用的两项。"运动"包括多种属性，用于移动、旋转和缩放素材，调整素材的防闪烁属性，或将这些素材与其他素材进行合成。"不透明度"允许降低素材的不透明度，用于实现叠加、淡化和溶解之类的效果。

例如这里选中时间轴中的"帆船.mov"，在其"效果控件"面板单击"运动"前面的小三角形，展开其下的属性，如图5-1所示。

图5-1 查看运动效果属性

图5-1 查看运动效果属性（续）

　　将"运动"下的"缩放"适当缩小，并适当移动"位置"。这样通过"运动"下的属性来调整素材画面的大小和位置，如图5-2所示。

图5-2 调整大小和位置

　　再向时间轴添加一个"帆船倒影.mov"，并在其"效果控件"面板中设置"缩放""位置"和"不透明度"，将其调整为画面中帆船中倒影效果，如图5-3所示。

图5-3 添加倒影并设置

5.2　音量、声道和声像器

　　当选中音频素材，或者视音频一体的素材，在"效果控件"面板中，还将显示音频部分的固定效果，包括"音量""声道"和"声像器"。

　　"音量"控制着素材中的声音的大小，音量过小时效果难以体现，音量当过大时则会出现失真的现象。这里可以通过音量的"级别"来控制音量的大小，如图5-4所示。

图5-4 音频音量

"音量"可以控制立体声、单声道或5.1声道等音频素材整体的声音大小。而立体声或5.1声道的音频中包括1个以上的声道，如果要分开调整各声道的音频，就需要使用其他效果来完成。例如这里使用"声道音量"来对一个"立体声"的两个声道分别调整为不同大小的音量，如图5-5所示。

图5-5 音频声道

在主声道为立体声音频的序列，无论立体声音频素材或单声道音频素材，"声像器"都可以调整音频音量偏向最终输出的左声道或右声道，当"平衡"为0时，默认左右平衡；小于0时偏向左声道；大于0偏向右声道，如图5-6所示。

图5-6 音频声像平衡

5.3 关键帧的基本操作

在视频动画的制作中，关键帧将发挥关键作用。通过关键帧的变化，可以将静止的画面动起来。虽然有些视频本身已是动态的画面，通过关键帧的设置，可以得到画面移动、缩放、旋转或不透明度的变化，另外添加效果时，通过关键帧的设置可以得到变化的效果。在Premiere Pro CC的效果属性中，绝大多数都可以进行关键帧的动画制作。

这里在时间轴中选中"帆船.mov"，在"效果控件"面板中准备为其制作画面移动的关键帧动画。关键帧的基本操作有以下几种方法。

1. 添加关键帧

（1）先确定要添加关键帧的时间位置，这里将时间移至时间轴的起始点，即第0帧，单击"位置"前面的秒表，这样添加了一个关键帧，此时"位置"属性的 x 轴向数值被调整，使得帆船位于画面左侧。可以通过单击"效果控件"面板右上部的三角形按钮，显示或隐藏"效果控件"右侧时间轴。可以暂时关闭"帆船倒影.mov"轨道的显示，以查看当前效果，如图5-7所示。

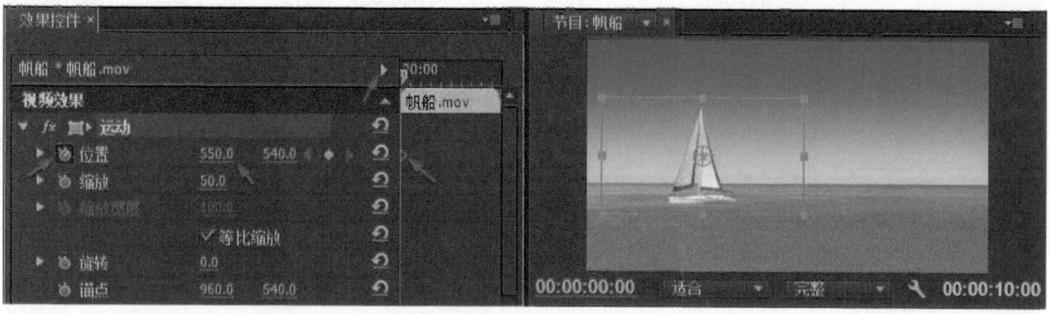

图5-7 添加位置关键帧

（2）然后将时间移至第9秒24帧处，调整"位置"属性的 x 轴向数值，使得帆船位于画面右侧。当打开秒表的属性数值发生变化时，自动记录关键帧，如图5-8所示。

图5-8 改变数值记录关键帧

（3）可以将时间移至关键帧之外的其他时间位置，单击关键帧导航器中间的"添加/移除关键帧"按钮，按属性当前的数值添加关键帧。例如在第5秒时，单击"添加/移除关键帧"按钮，按当前的数值添加一个关键帧，如图5-9所示。

图5-9 添加关键帧按钮

可以看出，只要在某个时间位置打开属性前面的秒表，即可添加关键帧。当某个属性的秒表被打开后，在其他的时间位置改变数值时，将自动添加关键帧，也可以通过单击关键帧导航器中间"添加/移除关键帧"按钮的方法来添加关键帧。

2. 选择关键帧

可以使用鼠标在"效果控件"右侧时间轴中单击关键帧的方法来选中某个关键帧，选中的关键帧以高亮显示。当单击属性名称时，将全选属性的所有关键帧。当需要同时选中多个关键帧时，可以按住Ctrl键或Shift键不放，连续单击多个关键帧，将这些关键帧选中。也可以将鼠标指针移在关键帧附近单击以拖动矩形区域框选多个关键帧的方式来进行选择，如图5-10所示。

图5-10 全选、挑选和框选关键帧操作

3. 删除关键帧

关键帧导航器中间的"添加/移除关键帧"按钮是一个切换关键帧状态的按钮，其使用的前提是已打开属性前的秒表。例如在已添加关键帧的第5秒，再次单击"添加/移除关键帧"按钮时，当前这个关键帧会被删除，属性的其他关键帧保留不变，如图5-11所示。

图5-11 使用"添加/移除关键帧按钮"删除关键帧

也可以使用鼠标选中1个或多个关键帧，按Delete键来删除关键帧，如图5-12所示。

图5-12 按Delete键删除关键帧

如果单击属性前的秒表，则会将属性的全部关键帧删除，变成没有关键帧的状态。其中属性的数值会以时间指示器所在位置的数值为删除关键帧后的数值，如图5-13所示。

图5-13 关闭秒表删除关键帧

4. 移动关键帧

　　对于添加的关键帧可以使用鼠标将其选中并拖移至新的位置。通常可以先将时间指示器移到到某个位置，然后选中一个关键帧或多个关键帧，将其拖移至时间指示器的位置附近，这样容易吸附到时间指示器的位置，以精确定位。

5. 复制关键帧

　　当在不同的对象中有相同的关键帧设置需求时，就可以使用复制已设置好的关键帧，然后粘贴到目标对象的方法。例如这里打开"帆船倒影.mov"所在轨道的显示，准备将"帆船.mov"中设置好的关键帧复制到"帆船倒影.mov"上。

　　（1）先在时间轴中选中"帆船.mov"，在"效果控件"面板中单击"位置"名称，这样将其关键帧全部选中，按快捷键Ctrl+C复制。

　　（2）然后在时间轴选中"帆船倒影.mov"，在其"效果控件"面板中单击，或者按快捷键Shift+5，这样都可以激活"效果控件"面板，再按快捷键Ctrl+V粘贴。

　　这样即可将相同设置的关键帧粘贴到"帆船倒影.mov"上，并在对应"位置"属性的同时对应时间位置，如图5-14所示。

图5-14 复制关键帧

提示　　复制之后通常要检查动画效果，并根据实际情况进行调整。例如这里复制关键帧之后，在关键帧的基础上再调整倒影的上下位置即可。

5.4　关键帧的插值中的值与速率

插值是指在两个已知数值之间填充未知数据的过程。在数字视频和电影中，这通常意味着在两个关键帧之间生成新值。由于插值在两个关键帧之间生成所有帧，因此插值有时也被称为内插。关键帧之间的插值可用于动画化运动、效果、音频音量、图像调整、透明度、颜色变化以及许多其他视觉和听觉元素。

时间插值将选定的插值法应用于运动变化。例如，可以使用"时间插值"来确定物体在运动路径中匀速移动还是加速移动。

空间插值将选定的插值法应用于形状变化。例如，可以使用"空间插值"来确定角应当是圆角还是棱角。

两种最常见的插值类型是线性插值和贝塞尔曲线插值。可以根据所需的变化类型，应用这些插值类型中的任何一个。

线性插值创建从一个关键帧到另一个关键帧的均匀变化，其中的每个中间帧获得等量的变化值。使用线性插值创建的变化会突然起停，并在每一对关键帧之间匀速变化。

贝塞尔曲线插值允许根据贝塞尔曲线的形状加快或减慢变化速率，例如在第一个关键帧缓慢加快速度，然后缓慢地减速到第2个关键帧。

这里使用上层轨道放置一个"帆船字幕"来进行关键帧的值与速率的动画演示。在时间轴选中"帆船字幕"，在其"效果控件"面板确定"位置""缩放"和"旋转"属性的数值。在第1秒的时间位置单击打开这3个属性前面的秒表，开启关键帧记录，如图5-15所示。

图5-15 打开秒表开启关键帧记录

将时间移至第3秒，设置"位置""缩放"和"旋转"的属性，自动记录关键帧。其中旋转数值为"-360°"，自动变换为"-1x0°"的形式显示，即逆时针旋转1周，如图5-16所示。

图5-16 调整数值记录关键帧

这样，从第1秒开始，字幕伴随着旋转和放大，从右下角移至画面中心，动画效果如图5-17所示。

图5-17 关键帧动画效果

1. 时间的线性插值

在这个运动的过程中，旋转、放大和移动都是均速的，在"缩放"或"旋转"的任一关键帧上按鼠标右键，在关键帧菜单中会显示当前的关键帧为"线性"，因为"缩放"和"旋转"只具有按时间发生变化而不具有空间方位的变化，所以在菜单选项中只显示时间插值的相关选项。在"位置"的任一关键帧上单击鼠标右键，在弹出的快捷菜单中选择"临时插值"命令会显示当前的关键帧为"线性"，因为"位置"具有按时间和空间方位发生变化的特征，所以在菜单选项中有时间插值选项的"临时插值"和空间方位选项的"空间插值"，如图5-18所示。

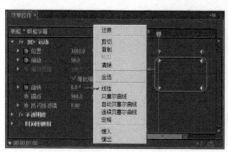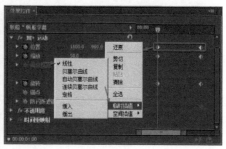

图5-18 查看插值类型

2. 时间的贝塞尔曲线插值

选中"旋转"的两个关键帧，在其上按鼠标右键，在弹出的快捷菜单中选择"贝塞尔曲线"，这样将线性插值转换为贝塞尔曲线插值。展开"旋转"前的小三角形，可以显示出关键帧的值图表和速率图表。

上部的曲线为值图表，可以调整曲线锚点的关键帧手柄，使其数值在由大变小的过程中，在开始和结束时都有个缓冲的过程。在关键帧两侧之外没有变化，旋转的角度固定为不变的数值，形成水平的直线。

下部的曲线为速率图表，在两个关键帧之间，靠近关键帧的时间速率数值较小，在关键帧之间的速率数值较大。在关键帧两侧之外没有变化，速率数值为0，也形成水平的直线。

此时播放动画，会发现文字旋转动画由原来匀速旋转，改变为缓慢启动旋转，逐渐加快，并在快结束时逐渐放慢旋转速度，最后缓慢停止，如图5-19所示。

图5-19 时间的贝塞尔曲线插值

通过曲线的调整，可以得到旋转速度改变的明显变化，例如这里进一步调整曲线的手柄，使开始和结束时更为缓慢，在中间的旋转更加快速，如图**5-20**所示。

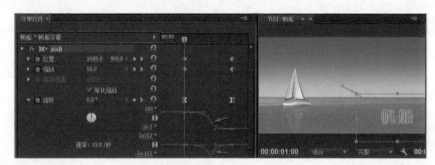

图5-20 调整贝塞尔曲线插值

这里对关键帧菜单中的插值类型进行解释说明。

线性：创建关键帧之间的匀速变化。

贝塞尔曲线：允许在关键帧的任一侧手动调整图表的形状以及变化速率，使用此方法可创建非常平滑的变化。

自动贝塞尔曲线：创建通过关键帧的平滑变化速率，在更改关键帧的值时，"自动贝塞尔曲线"方向手柄会变化，用于维持关键帧之间的平滑过渡。

连续贝塞尔曲线：创建通过关键帧的平滑变化速率，与"自动贝塞尔曲线"插值不同的是，"连续贝塞尔曲线"允许手动调整方向手柄，在关键帧的一侧更改图表的形状时，关键帧另一侧的形状也相应变化以维持平滑过渡。

定格：更改属性值且不产生渐变过渡（突然的效果变化）。位于应用了定格插值的关键帧之后的图表显示为水平直线。

缓入：减慢进入关键帧的值变化。

缓出：逐渐加快离开关键帧的值变化。

时间插值中的"缓入"和"缓出"为"贝塞尔曲线"插值的预设，以上演示中"旋转"属性的第一个关键帧的设置就类似于"缓出"，第2个关键帧的设置就类似于"缓入"，默认下"缓入"和"缓出"的速率变化较小。

3. 空间的线性插值

通过以上时间插值的介绍，空间的线性插值也很好理解，在文字从右下角向中部进行空间变化的移动过程中，其移动路径为直线性的，关键帧之间按线性的变化方式来计算文字的位置数值。

全选"位置"属性的关键帧，在其中任一关键帧上单击鼠标右键，在关键帧菜单的"空间插值"下选择"线性"，如图5-21所示。

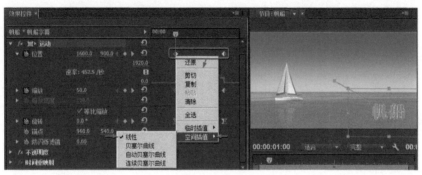

图5-21 空间的线性插值

4. 空间的贝塞尔曲线插值

通常在两个关键帧之间使用默认的空间插值时，其运动路径都是直线的，可以通过"贝塞尔曲线"的空间插值对两个关键帧之间的路径进行曲线的调整。

全选"位置"属性关键帧，在其中任一关键帧上单击鼠标右键，在弹出的快捷菜单的"空间插值"下选择"贝塞尔曲线"，这样在节目面板中，在移动路径的锚点上将出现路径调节手柄，使用鼠标拖动手柄，就可以在两个关键帧之间将直线路径改变为曲线的路径，如图5-22所示。

图5-22 空间的的贝塞尔曲线插值

同样，在空间的贝塞尔曲线插值下，也有"自动贝塞尔曲线"和"连续贝塞尔曲线"的类型，通常在两个以上的关键帧中可以显示出非直线的路径。例如这里建立3个位置关键帧，使用"自动贝塞尔曲线"，可以看到，在变换移动方向时，并不是空间线性插值方式下的直线路径，变成为带有圆弧形的曲线路径，其中关键帧的锚点旁边，显示有可调整路径曲线状态的手柄调节点。这里为了看清手柄调节点，更改了文字的颜色，如图5-23所示。

图5-23 自动贝塞尔曲线

5.5 在时间轴中显示关键帧

在关键帧动画制作中，大多情况下都在"效果控件"右侧的时间轴中显示和操作关键帧，但在"效果控件"中只能同时显示一个素材片段的关键帧设置。当需要对比不同轨道中素材片段的关键帧位置时，可以将关键帧在时间轴中进行显示。

例如这里在时间轴中显示几个轨道中素材的"位置"关键帧。选中要显示关键帧的素材片段，在其上单击鼠标右键，在弹出的快捷菜单中选择"显示剪辑关键帧>运动>位置"，这样即可显示出"位置"关键帧，如图5-24所示。

图5-24 在时间轴中显示关键帧

提示 在显示时间轴中素材的关键帧时，需要增加轨道的高度，在最小的高度下，关键帧将不被显示。

5.6 实例：使用运动属性放置画面

本实例使用几个视频、图像和音频素材，在Premiere Pro CC中进行基本的叠加合成制作，其中对常用的"运动"效果属性进行设置，对素材进行不同大小、位置和不透明度设置，并制作移动的关键帧动画。实例效果如图5-25所示。

图5-25 实例效果

本例的制作请参见本教程光盘中的详细文档教案与视频讲解。

5.7 小结与课后练习

本课讲解在剪辑操作中将素材放置到时间轴中后的基本属性，包括视频素材的运动属性和不透明度，音频的音量、声道和声像器。另一个需要掌握的内容是关键帧的内容，包括关键帧的基本操作方式，关键帧的插值效果和操作方法。

课后练习说明

根据所学习的固定效果和关键帧的知识点，制作不同的动画实例，例如制作白云倒影，为帆船设置一个由快变慢的移动动画关键帧。

字幕制作

字幕在影视制作中具有特殊的地位,是传递信息最有效和最高效的手段之一,电影、电视剧、新闻、广告、宣传片或者是一个短片,往往都离不开字幕。Premiere Pro CC为影视制作提供了相应的字幕功能。在Premiere Pro CC中新建的字幕存放于当前项目中,默认状态下不是将字幕作为文件单独保存到磁盘上,这样为文件管理带来方便。本章将学习字幕基本的制作方法。

6.1 字幕的建立、属性及样式

下面将介绍建立字幕的基本操作,包括新建字幕的方式,输入字幕内容,对文字的字体、大小、颜色等属性进行设置的方法,以及如何将设置好的字幕样式保存到样式库中,为以后备用。

1. 字幕的建立

(1)准备工作。新建项目,导入本例文件夹中的图片文件,建立720P属性的序列,打开时间轴,放置图片素材。

(2)新建字幕。操作方法如下。

按快捷键Ctrl+T,也可以选择菜单"文件>新建>字幕",弹出"新建字幕"对话框,在其中的"视频设置"下默认按当前序列的属性定义字幕应用的对象,可以对字幕进行命名或使用默认名称,单击"确定"按钮,进入字幕设计窗口。

在字幕窗口中可以看到有5个面板,分别为①字幕设计面板、②字幕工具、③字幕属性、④字幕动作、⑤字幕样式这5个面板,如图6-1所示。

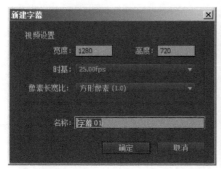

图6-1 新建字幕

（3）输入和设置文字。操作方法：在"字幕设计"面板上部显示有当前字幕的名称，从"字幕工具"面板选择文字工具，在"字幕设计"面板的视频区域中单击，输入"南浔古镇"，然后切换为选择工具，在"字幕属性"面板的"填充"下，为其指定填充颜色，在"属性"下为其设置字体，如图6-2所示。

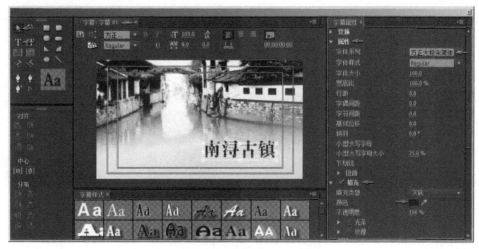

图6-2 输入文字并设置属性

（4）创建文字后，关闭字幕窗口，从项目面板中将字幕拖至时间轴，放置在原有素材上面的轨道中，即可为素材画面叠加字幕，如图6-3所示。

图6-3 将字幕放置到轨道

> **提示**　还可以在"字幕"菜单中，或者在项目面板右下部的"新建项"弹出菜单中，或是在项目面板的右键菜单中选择字幕选项，同样可以新建字幕。

2. 字幕的属性

在字幕窗口的"字幕属性"面板中有"变换""属性""填充""描边""阴影"和"背景"这些属性，通过对这些属性的设置，可以得到不同样式的文字。以下将对所创建的字幕进行修改并设置字幕属性，具体操作方法如下。

双击已创建的字幕，再次打开其字幕窗口，在"变换"下可以为文字精确定位，在"属性"下可以调整文字的宽高比，在"填充"下可以更改颜色。在"外描边"后单击"添加"，为字幕添加外描边，设置外描边大小和颜色，可以勾选"阴影"，在画面中为文字添加投影的效果，这样得到一个不同的字幕样式，如图6-4所示。

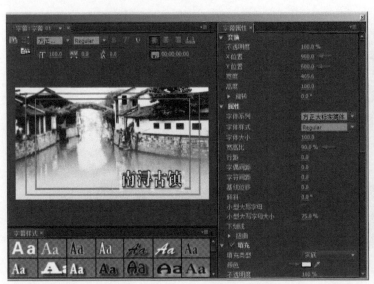

图6-4 进行字幕属性的设置

3. 字幕的样式

在字幕窗口下部的"字幕样式"面板中有众多的字幕样式，默认为英文的字体，如果对于中文字幕使用这些样式时会出现文字显示不正确。可以为设置好文字属性的字幕保存样式，添加到"字幕样式"面板中。例如这里将设置好的中文保存为一个样式，操作方法如下。

在字幕窗口中选中设置好的中文字幕，单击"字幕样式"面板右上角的弹出菜单按钮，选择弹出菜单中的"新建样式"，弹出"新建样式"对话框。

在对话框中默认以字体和大小来命名当前样式，单击"确定"按钮。

这样在"字幕样式"面板的最后添加了一个新的样式，在以后的制作中选中这个样式，就会得到相应字幕属性的设置，如图6-5所示。

图6-5 新建字幕样式

6.2 字幕的方向、区域和路径

文字通常有多种摆放和排列方式，有横排、竖排，有单行的、段落的，还有不规则摆放的。在Premiere Pro CC中除了基本的文字工具，还提供了区域文字工具、路径文字工具，每种工具又分为横排与竖排两类，为不同的需求提供解决方案。

1. 字幕的方向

（1）准备工作。先在时间轴放置图片素材，并将时间指示器移至素材画面上。

（2）建立垂直文字，操作方法如下。

按快捷键Ctrl+T，新建字幕，将其命名并进入字幕窗口。

可以在"字幕样式"面板的样式库中先选中上面所建立好的中文样式，然后在"字幕工具"面板中选择垂直文字工具，在视频区域单击，输入"桐乡乌镇"。

再切换到选择工具，在"字幕属性"面板中对字幕作进一步调整，比如调整字体大小、宽高比和字符间距，如图6-6所示。

图6-6 建立垂直文字

2. 区域字幕

（1）准备工作。先打开本课对应项目文件夹中的字幕文本文件，复制两行所需要的文本，如图6-7所示。

图6-7 复制文本内容

（2）建立区域文字。按快捷键**Ctrl+T**，新建字幕，将其命名并进入字幕窗口。在"字幕工具"面板中选择区域文字工具，在视频区域拖绘出一个文字框，然后按快捷键**Ctrl+V**粘贴文字。为了看清文本框，这里将字幕窗口上部的"显示背景视频"按钮关闭。文字在字幕框内根据字幕框的宽度自动换行，当文字内容超出字幕框的范围，不能完全显示时，在字幕框右下角将出现一个小十字标记，此时需要使用选择工具将字幕框调整大一些，或者将字体大小缩小一些，如图**6-8**所示。

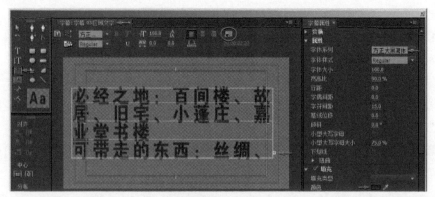

图6-8 建立区域文字

（3）打开"显示背景视频"按钮，经过缩小文字，调整字幕框大小和位置之后，区域字幕的效果如图**6-9**所示。

图6-9 调整区域字幕

3. 路径字幕

（1）准备工作。先打开本课对应项目文件夹中的字幕文本文件，复制一行所需要的文本。

文字内容根据下面制作过程中的图示来选择。

（2）建立文字路径。操作方法如下：

按快捷键**Ctrl+T**，新建字幕，将其命名并进入字幕窗口。

在"字幕工具"面板中选择路径文字工具，在视频区域使用单击建立多个路径锚点的方法，来绘制一个弯曲的路径。在建立锚点时，按下鼠标左键不放并拖动鼠标，可以使锚点出现调节弯曲度的手柄。使用这样的方法依次建立**4**个锚点，绘制一条波浪形的曲线。

其中还可以使用转换锚点工具从锚点处拉出手柄，使用锚点工具或选择工具来调整手柄影响曲线。

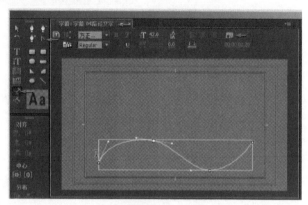

图6-10 建立字幕的路径

为了看清路径，可以将字幕窗口上部的"显示背景视频"按钮关闭，如图6-10所示。

（3）输入文字。在文字路径上单击，使其出现可输入文字的光标状态，按快捷键**Ctrl+V**粘贴。然后对文字的字体和大小进行设置，打开"显示背景视频"按钮。完成路径文字的制作，如图6-11所示。

图6-11 输入文字并进行设置

6.3　排版段落文本和使用制表位

以上制作了两行简单的区域文字，对于多行的段落文字，还可以进一步对其进行排版，例如将标题文字居中，对文字进行缩进排版。这些排版功能在Premiere Pro CC中可以使用制表位来完成。

1. 使用文本文件作准备工作

打开本课对应项目文件夹的字幕文本文件，复制所需要的标题和段落文本，如图6-12所示。

图6-12 复制文本

2. 建立区域文字

按快捷键Ctrl+T新建字幕，将其命名并进入字幕窗口。在"字幕工具"面板中选择区域文字工具，在视频区域拖曳出一个文字框，然后按快捷键Ctrl+V粘贴文字，并进行设置，如图6-13所示。

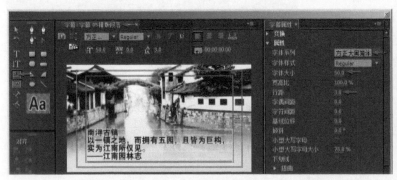

图6-13 建立区域文字

3. 设置制表位

为了更清晰地观察，先关闭"显示背景视频"按钮。选择菜单"字幕>制表位"，或者单击字幕窗口上部的"制表位"按钮，打开制表位设置窗口。在其标尺上建立3个缩进标记点，对应区域文字中的黄色参考线，分别调整为缩进两个文字的位置、居中的位置、右对齐的位置，然后单击"确定"按钮，如图6-14所示。

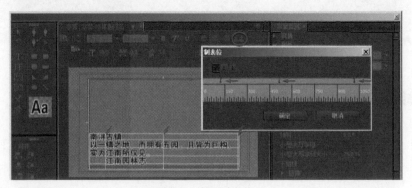

图6-14 使用制表位

4. 缩进排版

在区域文字框中单击，将文字光标移至第一行标题左侧，按两次Tab键将文字缩进为居中的状态，然后选中标题并单独设置字体、大小和基线位移。完成文字排版，如图6-15所示。

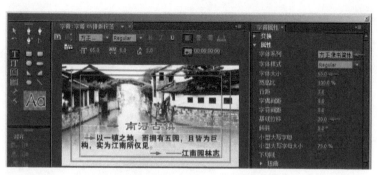

图6-15 进行缩进排版

6.4   文字的居中、分布和对齐

某些文字适合作为一个整体进行排版，也有很多时候需要在视频上添加多个分开的文字，但仍需将这些文字进行整齐地摆放。在字幕窗口左下部的"字幕动作"面板中，就有处理文字的对齐、居中和分布功能的众多按钮，可以方便快捷地对字幕窗口中的多个分离的文字进行摆放操作。

（1）建立多个分离的文字。按快捷键Ctrl+T，新建字幕，将其命名并进入字幕窗口。在"字幕工具"面板中选择文字工具，在字幕窗口中建立多个分离的字幕，如图6-16所示。

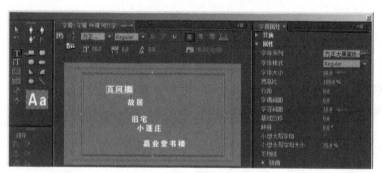

图6-16 建立多个分离的字幕

（2）按快捷键Ctrl+A可以全选这些文字，然后在"中心"下单击"垂直居中"和"水平居中"按钮，在"分布"下单击"水平靠左"和"垂直居中"按钮，如图6-17所示。

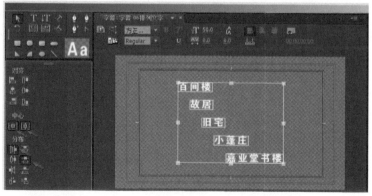

图6-17 进行分布和居中的操作

（3）然后在"对齐"下单击"水平靠左"按钮，在"中心"下单击"垂直居中"和"水平居中"按钮，在"分布"下单击"垂直居中"按钮，如图6-18所示。

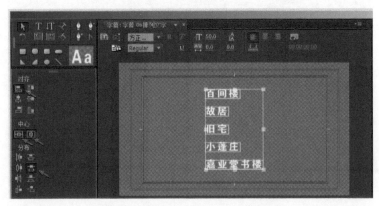

图6-18 进行对齐、居中和分布的操作

6.5 复制及导入或导出文字

在Premiere Pro CC中所建立的字幕存在于项目中，可以在项目中对其进行复制，也可以在打开的字幕窗口中使用"基于当前字幕新建字幕"的功能，在保留当前字幕内容和设置的基础上建立新的字幕。操作方法：打开一个已存在的字幕，单击字幕窗口左上角的"基于当前字幕新建字幕"按钮，弹出新建字幕对话框，在其中命名字幕，单击"确定"按钮后建立新的字幕，其中原来的内容被保留，通常可以在其基础上修改文字内容，得到新的字幕，如图6-19所示。

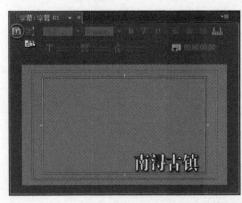 

图6-19 基于当前字幕新建字幕

对于项目面板中的文字，可以选择菜单"文件>导出>字幕"，将其命名保存为外部的文件，在其他项目中可以导入使用。

6.6　实例：字幕的编排

在本例中准备了3幅要展示的风景图片，一个包括解说文字的文本文件和一个背景配乐音频，以制作一组具有中国风的旅游解说视频。学习重点为在画面中字幕的样式设置和摆放与排版制作，并在最后为这一组画面设置柔和的过渡效果，如图6-20所示。

图6-20 实例效果

本实例的制作讲解请参考本教程光盘中的详细文档教案与视频讲解。

6.7　小结与课后练习

本课对基本的静态字幕制作进行了讲解，这些字幕的建立、设置、版式编排、对齐和排列等制作有很强的操作性，虽然难度不大，但需要动手实践才能真正掌握。其中，对于常用的字幕样式可以将其添加到样式库；对于成篇文字的缩进排版，必须使用制表位功能才能轻松完成；而居中、分布和对齐功能，能快速有效地解决字幕的摆放问题。

课后练习说明

根据实例的素材和文字内容，为画面进行不同版式的设计和编排，可以按自己的方式建立不同的字幕方向，使用不同的样式设置和对齐、摆放操作。

图文动画

知识点：

1. 滚动字幕的建立和设置；
2. 游动字幕的建立和设置；
3. 字幕中的图形制作；
4. 字幕中的图像添加和设置；
5. 字幕模板的建立和应用。

Premiere Pro CC的字幕不仅限于静止文本的处理，对于常用的滚动字幕和游动字幕也可以快捷地制作出来。字幕中的另外一大优点是对图像的支持，可以很方便地将图像文件导入到字幕窗口中，进行图文混排，制作精彩的文字设计。

7.1　建立滚动字幕

滚动字幕是影视制作中常见的字幕动画方式，在Premiere Pro CC中可以通过选项设置来切换滚动字幕与静止字幕，或者选择滚动字幕来新建字幕。

（1）准备工作。新建项目，导入本课对应文件夹中的图片文件，建立720P属性的序列，打开时间轴，放置图片素材。

（2）复制多行文本。打开本课文件夹中准备好的文本文件，在其中复制对应的多行文字。

（3）新建滚动字幕。操作方法如下。

选择菜单"字幕>新建字幕>默认滚动字幕"，弹出"新建字幕"对话框，为字幕命名并进入字幕窗口。

在"字幕工具"面板中选择区域文字工具，绘制文本框并粘贴文字，设置文字填充颜色、字体、大小、行距。在字幕视频区域右侧将滑动条拉至顶部，将开始文字移至视频区域内，如图7-1所示。

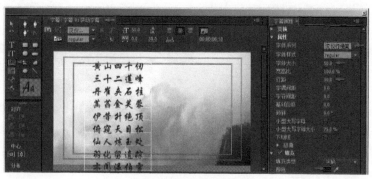

图7-1 新建滚动字幕

（4）设置完文字后，将字幕放置到时间轴，其滚动速度由字幕本身内容的长度和字幕在视频轨道中的长度决定。在字幕窗口左上部单击"滚动/游动选项"按钮，打开"滚动/游动选项"对话框，在其中将"开始于屏幕外"和"结束于屏幕外"勾选，这样字幕将从屏幕之外开始滚入，到完全滚出屏幕时结束，如图7-2所示。

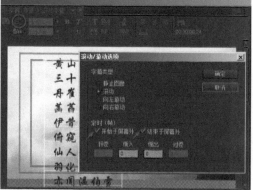

图7-2 设置滚动/游动选项

（5）字幕的滚动速度默认为匀速，在"滚动/游动选项"对话框的，"缓入"设置栏中，可以设置字幕在某个帧数范围内，从静止时启动并逐渐加速到匀速地滚动。在"缓出"设置栏中，可以设置字幕在某个帧数范围内，从匀速滚动的状态逐渐减速到静止。通过"预卷"和"过卷"可以为设置字幕在画面中静止停留的帧数时长。例如取消"开始于屏幕外"和"结束于屏幕外"的勾选。设置"预卷""缓入""缓出"和"过卷"均为50，这样滚动字幕的动画为：先在屏幕中静止2秒，然后缓缓加速，在2秒的加速时间之后匀速滚动，至字幕片段长度的前第4秒时，使用2秒的时间缓缓减速至静止，然后再静止2秒直到结尾。

7.2　建立游动字幕

（1）复制单行文本。打开本课文件夹中准备好的文本文件，在其中复制对应的单行文字，如图7-3所示。

图7-3 在文本文件中制作单行文本并复制

（2）新建游动字幕。选择菜单"字幕>新建字幕>默认游动字幕"，弹出"新建字幕"对话框，为字幕命名并进入字幕窗口。在"字幕工具"面板中选择文字工具，在视频区域单击，粘贴文字，设置文字填充颜色、字体、大小。在字幕视频区域底部将滑动条拉至左侧，将开始文字移至视频区域内，如图7-4所示。

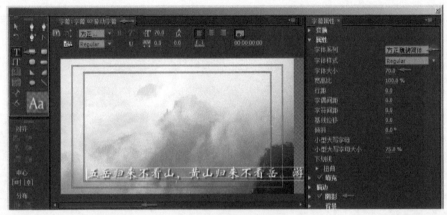

图7-4 新建游动字幕

（3）设置好文字后，将字幕放置到时间轴，其滚动速度由字幕本身内容的长度和字幕在视频轨道中的长度决定。在字幕窗口左上部单击"滚动/游动选项"按钮，打开"滚动/游动选项"对话框，在其中将"开始于屏幕外"和"结束于屏幕外"勾选，这样字幕滚动时从屏幕之外开始滚入，到完全滚出屏幕时结束。同样，"预卷""缓入""缓出"和"过卷"的设置与滚动字幕相同。

提示　游动字幕中有向左和向右两种方向，而滚动字幕只有从下向上的方向，不过可以利用嵌套的方法来实现从上向下运动，即先嵌套上滚字幕，然后对其设置倒放的效果。

7.3　在字幕中绘制形状

在Premiere Pro CC的"字幕工具"面板中有"矩形工具""椭圆形工具""圆角矩形工具""弧形工具""楔形工具""直线工具"等工具，可以绘制对应类型的矢量形状，还可以使用"钢笔工具"来绘制不规则的形状。可以建立所需要的形状，与文字在一起进行对齐、分布等摆放，丰富文字设计。

这里以Adobe的Logo为例，在字幕中建立形状与文字构成的标识图形。先准备参考图像，从对应课程的项目文件夹将Adobe的Logo图像导入项目面板，然后将其放置到时间轴中，在其上单击鼠标右键然后选择"缩放为帧大小"，这样在节目面板中将其放到最大，因为该图像是用来作参考，所以可以不考虑其清晰度，如图7-5所示。

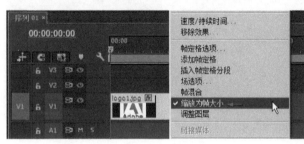

图7-5 放置参照图像

按快捷键Ctrl+T新建字幕，命名字幕后进入字幕窗口，进行绘制图形的制作。

（1）绘制左上角形状。在视频区域参照Logo图像左上角的三角形，选择"字幕工具"面板中的楔形工具，从左上角三角形下面的角点处按下，向右上方的角点拖动，这样建立一个与图像重合的三角形。将三角形的填充颜色设置为红色。

（2）绘制右上角形状。可以使用楔形工具绘制，或者使用选择工具在按住Alt键的同时拖动三角形，以复制一份，用鼠标将其拖动进行对称翻转，与Logo图像中对应部分重合放置。

（3）绘制中部形状。选择"字幕工具"面板中的钢笔工具，按Logo图像中部的图形依次建立锚点，绘制一个闭合贝塞尔曲线，将图形类型更改为"填充贝塞尔曲线"，并填充为红色。关闭"显示背景视频"按钮，检查形状，如图7-6所示。

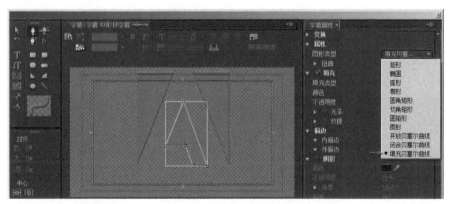

图7-6 在字幕中绘制图形

（4）建立下部文字。打开"显示背景视频"按钮，恢复背景的显示，参照Logo图像中的文字，建立文字，设置文字填充颜色、字体、大小和位置。对于文字较细的问题，可以在"外描边"后单击"添加"，添加一个黑色的外描边，通过设置描边的大小来调整文字的粗细，使其与原Logo图像中的文字相符。最后，关闭"显示背景视频"按钮，检查制作好的Logo形状，如图7-7所示。

图7-7 建立其中的文字

7.4 在字幕中添加图像

Premiere Pro CC除了可以在字幕中绘制简单的形状，还可以将图像导入到字幕窗口，使其参与文字设计，制作图文混排的文字版式设计。可以将图像导入到字幕窗口中作为一个独立元素，也可以将图像填充到形状中，还可以将图像导入文本内，当作特殊的字符。另外，在"背景"中也可以添加图像，为当前字幕使用一个图像作为背景。

下面将对Premiere Pro CC字幕中添加图像的各种方法进行操作演示。按快捷键Ctrl+T新建字幕，命名字幕后进入字幕窗口，准备进行导入图像的制作。

1. 添加字幕背景图像

在字幕属性下部勾选"背景"复选框，再勾选其下的"纹理"复选框。展开"纹理"，单击纹理右侧的图形框，打开"选择文件"对话框，选择"背景1.jpg"文件。为字幕的背景添加图像，如图7-8所示。

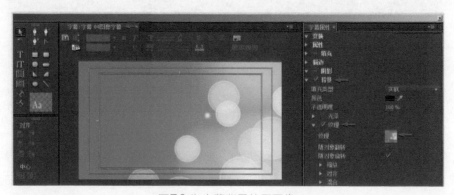

图7-8 为字幕背景使用图像

2. 导入独立的图像

选择菜单"字幕>图形>插入图形"，或者在字幕窗口中单击鼠标右键然后选择"图形>插入图形"，打开"导入图形"对话框，在其中选择"图标07.png"，将其导入到字幕窗口中。然后调整其大小和位置，可以在字幕属性的"变换"选项下设置宽度和高度的数值，以精确放置其大小。以导入独立的图像，如图7-9所示。

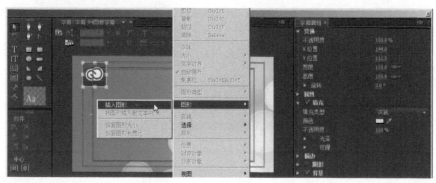

图7-9 在字幕中导入导立的图像

提示　　插入的"图形"中，包括常用的矢量图形或普通的图像文件，也可以导入带有透明通道的图像文件。

3. 在形状中导入图像

先在"字幕工具"面板中选择矩形工具，绘制一个矩形，然后在"字幕属性"面板下展开"填充"选项，勾选"纹理"复选框。展开"纹理"选项，单击纹理右侧的图形框，打开"选择文件"对话框，选择"背景图.jpg"文件，为字幕的背景添加图像。默认将图像压缩变形在矩形图形内，这里在"缩放"下将"对象Y"后选择为"纹理"，即Y轴方向不压缩图像，使用原图像的高度。不过默认只显示顶部的局部图像，这里再通过调整"对齐"下"Y偏移"来将原图像下部的图像偏移到矩形中显示出来。这样在形状中导入图像，并显示合适的图像部分，如图7-10所示。

图7-10 在字幕形状中添加图像

4. 在文字中导入纹理图像

先使用文字工具建立文字"Adobe CC"，并将字体设置为粗体，调整文字大小和位置，如图7-11所示。

图7-11 建立文字

然后展开"填充"选项，在"填充"下勾选"纹理"复选框，单击纹理右侧的图形框，打开"选择文件"对话框，选择"金属材质.jpg"文件，为文字添加图像纹理。再展开"描边"选项，单击"外描边"后的"添加"，添加一个"外描边"，将"类型"选择为"深度"，设置大小和颜色，其中颜色为RGB（255，241，90）。最后勾选"阴影"复选框，为文字添加阴影效果。这样，在文字中导入纹理图像，如图7-12所示。

图7-12 设置立体文字

5. 在文本中插入图像

先使用文字工具建立3行文字，设置字体、大小和位置，如图7-13所示。

图7-13 建立文本

使用文本工具在已建立的文本中单击，将光标停留在行首，光标处于闪动的输入状态，选择菜单"字幕>图形>将图形插入到文本中"，或者在字幕窗口中单击鼠标右键然后选择"图形>将图形插入到文本中"，打开"导入图形"对话框，在其中选择"01.png"，将其导入到文本中光标所在的位置。同样再将光标移至其他需要添加图形的位置，选择菜单导入图形文件。当调整文本大小等属性时，图像将与其一同发生变化，例如图像在这里也一同被添加有阴影的效果。这样就完成了在文本中插入图像，如图7-14所示。

图7-14 在文本中插入图像

7.5　使用字幕模板

在Premiere Pro CC中可以将制作好的字幕保存为字幕模板，在以后的制作中可以随时从字幕模板中将其添加到新建的字幕中，提高制作效率，便于统一字幕版式。下面将建立一个字幕，然后将其保存为字幕模板，并在新的字幕中应用模板。

1. 建立模板字幕

按快捷键Ctrl+T新建字幕，将其命名后进入字幕窗口，在其中单击鼠标右键然后选择"图形>导入图形"，打开"导入图形"对话框，在其中选择"栏目条.png"，将其导入到字幕窗口中，在"字幕属性"面板的"变换"选项下设置"宽度"和"高度"，然后在"中心"下单击

"居中"按钮，将图形居中放置，如图7-15所示。

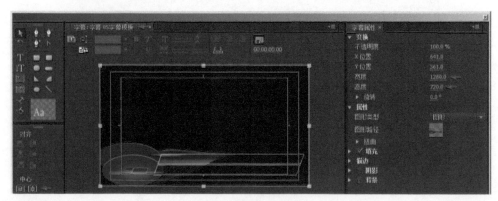

图7-15 建立模板字幕

2. 保存字幕到模板库

在字幕中建立其他所需要的内容，例如建立文字并进行设置。然后选择菜单"字幕>模板"（快捷键为Ctrl+J），或者单击字幕窗口左上部的"模板"按钮，打开"模板"设置窗口，在其右上角单击弹出菜单按钮，选择"导入当前字幕为模板"，然后命名一个模板名称，这样即可将当前字幕作为模板添加到"模板"窗口中的"用户模板"下，如图7-16所示。

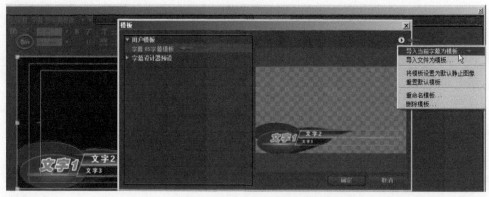

图7-16 保存字幕到模板库

3. 应用字幕模板

新建一个字幕，然后单击"模板"按钮打开"模板"设置窗口，在其中选择模板，例如在"用户模板"下选择所保存的自定义模板，单击"确定"按钮，这样即可将字幕模板内容添加到所新建的字幕中，然后可以在其基础上进行进一步制作，如图7-17所示。

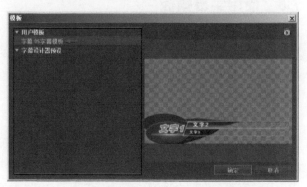

图7-17 从字幕模板库中使用模板

提示　　字幕除了保存为字幕模板备用之外，还有一种备用方法是导出为文件保存。在项目面板中选中字幕，然后选择菜单"文件>导出>字幕"即可将字幕导出为文件保存到磁盘上。可以在其他项目中导入这个字幕文件使用。

7.6　实例：图文动画

这里使用了一个背景图像、3个图标文件、一段音乐素材以及相关的字幕文本，制作影片结尾的字幕动画，并调整背景与前景的显示效果。实例效果如图7-18所示。

图7-18 实例效果

本例的制作请参见本教程光盘中的详细文档教案与视频讲解。

7.7　小结与课后练习

本课继续介绍字幕的制作，包括建立滚动字幕、游动字幕、在字幕中制作形状、将图像添加到字幕中，以及将字幕保存为字幕模板备用的方法。其中滚动、游动字幕是基本的字幕动画方式，需要掌握其中的滚动/游动选项设置；在字幕中绘制形状则可以创建简单实用的图形元素并在制作中使用；而在字幕中添加图像则为字幕的效果带来无限的扩展，对文字效果设计很有帮助。此外对于一些系列节目中的文字制作，则经常需要使用字幕模板功能来统一版式。

课后练习说明

整理一份自己的文本内容，制作动态的上滚和游动的字幕，其中包含图标元素的图像文件。

序列嵌套与多机位剪辑

知识点：

1. 在一个项目中建立多个序列；
2. 将序列进行嵌套制作；
3. 为素材添加标记点进行同步；
4. 为多机位素材创建同步的源序列；
5. 使用多机位视图进行编辑操作。

在Premiere Pro CC的一个项目文件中可以建立多个序列，而每个序列都可以是由多个素材组成的影片，多个序列即可以是多个影片。同时可以将一个序列作为影片素材放置在另一个序列的时间轴中，这样便成为嵌套操作。嵌套操作为Premiere Pro CC处理复杂制作提供了一个化整为零、化繁为简的解决方案。这样序列的作用不仅是为了最终的输出，而且可以用来准备素材、阶段性进行制作，并将部分成果提供给最终输出的序列使用。

多机位编辑则是部分利用序列嵌套的功能，将多个机位拍摄的场景素材嵌套在一个序列中，以一段素材同时处理多个机位镜头的方式进行镜头挑选的剪辑。序列嵌套的使用，为编辑制作中的规划、简化，以及特殊效果的实现都带来方便。

8.1 建立多个不同的序列

在Premiere Pro CC中建立序列时，有多种预设可供选择。例如按快捷键Ctrl+N打开"新建序列"设置窗口，在其中选择HDV下的"HDV 720p25"，命名序列名称后，单击"确定"按钮新建一个720P属性的序列。也可以选择其他的预设，例如选择"HDV 1080p25"建立一个高清的序列，或者切换到"设置"标签下，使用"自定义"的方式，设置所需要的帧大小、像素长宽比等，如图8-1所示。

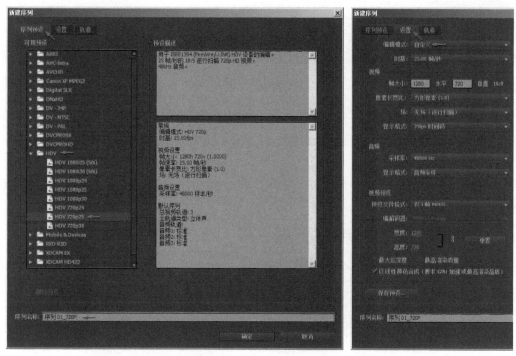

图8-1 新建序列的设置

可以在项目中同时建立多个不同预设或自定义的序列，如图8-2所示。

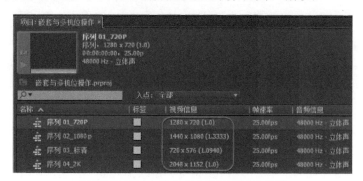

图8-2 在项目中建立多个不同预设的序列

8.2 嵌套的使用

Premiere Pro CC中的序列之间可以建立嵌套的关系，即可以将一个包括多个素材的序列当作一段视频素材，将其放置到另一个序列时间轴的轨道中，与其他素材一样进行剪辑或添加过渡、应用效果、设置变速等制作。这里进行一个简单的演示。

先打开"平板一个"序列的时间轴，其中有一个平板的图像素材和一个添加渐变的遮罩，如图8-3所示。

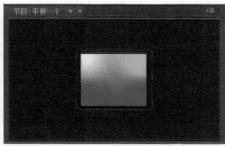

图8-3 其中的一个序列

再打开"平板四个"序列的时间轴，其中有一个背景和4个"平板一个"序列，即后一序列嵌套了前一序列，如图8-4所示。

图8-4 对序列的嵌套

这个嵌套只是一层简单的嵌套关系，在Premiere Pro CC中还可以进行多层嵌套，同时嵌套又具有层级关级，此外后一序列嵌套了前一序列，前一序列就不能再嵌套后一序列。

8.3 使用标记同步素材

当两段素材中有相同的内容，例如两台摄像机拍摄同时拍摄同一对象的两段素材，在编辑中有时需要将相同时间部分进行同步，即在时间轴的两个轨道中放置素材，并找到同时发生动作的时间点，然后按这两个时间点同步。在Premiere Pro CC中，可以在多段素材上添加用来同步的标记点，然后使用同步功能对多段素材进行同步，具体操作方法如下。

1. 添加同步标记点

例如在时间轴中放置两段素材"马车03.mov"和"马车04.mov"，并分别添加要同步的标记点，如图8-5所示。

图8-5 添加标记点的素材片段

2. 设置目标轨道

　　将某条轨道设置为目标（通过单击其轨道头），以使其他素材与选定素材对齐。例如这里选择V2轨道为目标，取消V1轨道的选择状态，如图8-6所示。

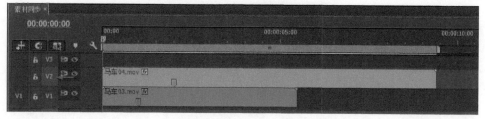

图8-6 设置目标轨道

3. 同步对齐

　　同时选中两段素材，在其上单击鼠标右键，在弹出的菜单中选择"同步"选项，然后选择"剪辑标记"选项，单击"确定"按钮，将两段素材按标记点对齐同步，如图8-7所示。

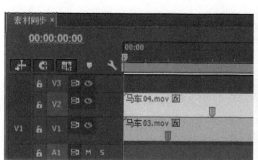

图8-7 按标记点进行同步

提示　　如果使用V1轨道作为目标轨道，由于V2轨道中的素材标记点靠右，同步后将剪切掉开始部分以对齐标记点。

8.4　创建多机位源序列

　　Premiere Pro CC允许用户使用来自不同角度的多个摄像机素材创建能够即时编辑的序列，也可使用特定场景的不同素材创建源序列。使用"创建多机位源序列"对话框，将具有相同入点/出点或重叠时间码的素材，组合到多机位序列中。

1. 在项目面板中创建多机位源序列

　　这里将4段多机位素材放置到"素材箱01"中，在"素材箱01"上单击鼠标右键，在弹出菜单中选择"创建多机位源序列"，打开其设置对话框，其中可以设置名称、同步点等，这里将名称自定义为"马车多机位"，单击"确定"按钮，将生成"马车多机位"序列，并将使用的素材放置到"处理的剪辑"中，如图8-8所示。

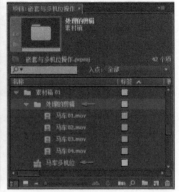

图8-8 在项目面板中创建多机位源序列

2. 多机位源序列的打开方式

在创建多机位源序列之后，可以使用在按住Ctrl键的同时双击"马车多机位"的方式，打开其序列时间轴，如图8-9所示。

图8-9 按住Ctrl键打开多机位源序列时间轴

8.5 多机位剪辑操作

创建多机位源序列之后，就可以在其基础上进行多机位的剪辑操作。在进行多机位剪辑之前，确认要对多机位源序列中的各段素材进行同步。上面在创建多机位源序列时所选择的同步点为入点，通常多机位的各段原始素材需要利用进行拍摄的时间码或手动添加的标记点来进行同步，这里用手动添加标记点的方法，模拟4个机位的镜头进行同步。

1. 按标记点同步素材

确认素材标记点在最右侧的V4轨道为目标轨道，同时选中这4段素材，在其上单击鼠标右键，在弹出的菜单中选择"同步"，然后选择"剪辑标记"，单击"确定"按钮，将这4段素材按标记点对齐同步，如图8-10所示。

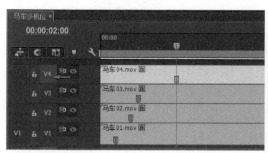

图8-10 按标记点同步多机位素材

2. 建立剪辑序列

从项目面板中将"马车多机位"拖至下部的"新建项"按钮上释放，建立新序列，并重新命名序列为"马车多机位剪辑"。

3. 打开多机位视图

在打开的"马车多机位剪辑"时间轴轨道中，默认启用了"马车多机位"的多机位编辑，在节目面板中单击右上角的弹出菜单按钮，然后选择"多机位"，显示多机位视图，如图8-11所示。

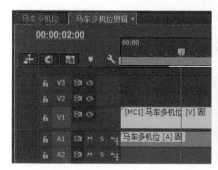

图8-11 使用多机位视图

4. 切换和编辑多机位画面

这样，在播放的同时单击左侧某个机位的画面，就可以即时切换对应机位的镜头，同时在时间轴中产生对应的剪辑点，显示对应的机位，如图8-12所示。

图8-12 切换多机位镜头

在实时播放的同时切换多机位镜头之后，可以使用滚动编辑工具对剪辑点进行微调，消除实时切换时的误差。

8.6　实例：嵌套动画制作

本例使用多个图像素材和一段音频素材，制作在平板计算机中包含手机、手机中包括平板计算机的动画效果。其中使用嵌套功能来进行制作，使这几种动画元素之间本来复杂的动画关系，在分开的每个序列中变得简单、清晰。这里在制作过程中将序列名称前面分别添加了从1～6的序号，以方便查看一层层的嵌套关系和级别。部分效果如图8-13所示。

8-13 实例效果

本例的制作请参见本教程光盘中的详细文档教案与视频讲解。

8.7　小结与课后练习

本课学习了与嵌套有关的几个知识点，包括在一个项目中建立多个嵌套序列，在一个序列的时间轴中放入另一个序列进行嵌套制作，并根据嵌套原理对多机位素材以特殊的方式进行剪辑。嵌套制作相对容易掌握，而多机位操作则相对复杂，需要学习对素材的同步，创建多机位源序列，再嵌套到一个序列时间轴中，并打开多机位视图后，才能进行多位机的画面剪辑，这些操作需要动手实践后才能掌握。

课后练习说明

根据实例的素材，制作在一个屏幕中有多个手机的动画效果，并在手机屏幕中也放置画面内容。

校正素材和创建元素

知识点：

1. 视频素材的像素比及画面比例的校正；
2. 为抖动的素材进行稳定；
3. 使用颜色遮罩；
4. 使用黑场和透明视频；
5. 制作彩条和倒计时。

Premiere Pro CC以剪辑素材和效果编辑制作为主，并同时兼有部分创建常用元素的功能。编辑制作上使用的素材，主要来源为拍摄的素材、效果动画素材以及其他视音频、图像素材等。在摄制影片中，前期拍摄素材的好坏对结果至关重要，因此需要在充分了解后期的制作需求后，开展前期的拍摄工作。即使如此，前期拍摄的素材因各种实际状况也难以完全符合后期制作的需要，在制作中就经常需要对素材进行校正、修改，例如校正偏色的画面、稳定抖动的视频等。另外还有很多"借"用其他非专用素材的情况，例如其他影片中的部分内容、截取画面、多种来源和不同格式的素材资料等，在使用过程中需要对来源的素材进行符合当前制作要求的修改校正。

9.1　素材的解释校正

1. 像素比与帧画面比例

像素比为图像中一个像素的宽度与高度之比，而帧画面的比例则是指视频每帧画面的宽度与高度之比。如高清视频中帧画面的大小为1920像素×1080像素，其帧画面宽高比为16：9，单个像素为方形，像素比为1：1。这是一个标准的计算关系，也方便理解。以下为多种规格视频的帧画面大小比较，如图9-1所示。

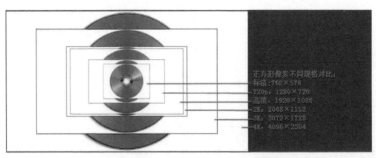

图9-1 视频画面大小比较

在了解这些不同视频帧画面大小之后，再来看实际使用情况。在计算机显示器中通常都以正方形的像素比来显示图像，而摄像设置或电视等放映设备则并非使用正方形像素的方式，例如高清视频中还有像素比为1.333和1.5的分类，以及标清视频包括4：3和16：9的画面均使用非正方形的像素，如图9-2所示。

图9-2 视频像素比

以下分别为16：9宽屏标清画面、标准的4：3标清画面和将4：3拉宽至16：9后的画面，如图9-3所示。

图9-3 宽屏标清、标清、标清拉宽画面

以下则是按正方形像素比导入的3种高清规格画面，分别为标准的正方形像素高清画面、1.333像素比画面和1.5像素比画面，如图9-4所示。

图9-4 高清的3种像素比画面对比

可以看到，当制作中遇到画面变形时，需要检查导入素材的像素比是否正确，画面变窄时就可能需要更改像素比为1.333或1.5。方法是在项目面板的素材上单击鼠标右键，在弹出的菜单中选择"修改>解释素材"，打开"修改剪辑"对话框，在其中重新设置像素比，如图9-5所示。

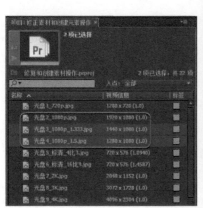

图9-5 高清画面大小及像素比修改方法

2. 帧速率

帧速率即视频中每1帧的播放速率，PAL制式的视频1秒播放25帧，NTSC制式1秒播放30帧，电影则1秒播放24帧。另外一些拍摄设备可以调节拍摄的帧速率，例如进行升格拍摄时，使用1秒50帧或60帧或更高的速率。在导入视音频素材时，通常需要按其自身的帧速率导入，避免发生音频因变速而变

图9-6 帧速率改变后的时长

调。当导入的素材帧速率不正确时，可以像修改像素比一样，打开其"修改剪辑"对话框，在其中重新设置帧速率。对于同一段视频，使用不同的帧速率时，其长度也相应发生变化，如图9-6所示。

3. Alpha通道

视频素材与图像素材都可能包含透明信息，Premiere Pro CC可以自动识别带有透明信息的素材，并在导入时使用Alpha通道得到一个透明背景的效果。如果不希望背景透明，还可以像修改像素比一样，打开其"修改剪辑"对话框，在其中勾选"忽略Alpha通道"复选框，如图9-7所示。

图9-7 使用或忽略Alpha通道

9.2 画面稳定

可以使用变形稳定器效果稳定运动，它可以消除因摄像机移动造成的抖动，从而可以将摇晃的手持拍摄素材转变为稳定、流畅的拍摄内容。

要使用变形稳定器效果稳定运动，可执行以下操作。

（1）选择需要稳定的素材。

（2）在"效果"面板中，选择"扭曲>Warp Stabilizer（变形稳定器）"效果，然后通过双击效果，也可以将效果拖到"时间轴"或"效果控件"面板的素材片段上来应用效果，如图9-8所示。

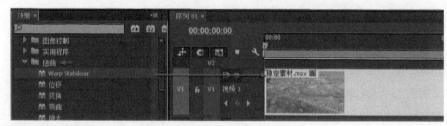

图9-8 添加变形稳定器

在添加效果之后，会在后台立即开始分析素材。当分析开始时，"项目"面板中会显示第1个栏（共两个），指示正在进行分析，如图9-9所示。

图9-9 开始分析

当分析完成时，第2个栏会显示正在进行稳定，如图9-10所示。

图9-10 进行稳定

　　Premiere Pro CC 中的"Warp Stabilizer（变形稳定器）"效果要求素材尺寸与序列设置相匹配。如果素材与序列设置不匹配，还可以用嵌套的方法来应用变形稳定器效果。

　　"Warp Stabilizer（变形稳定器）"效果有以下设置。

　　分析：在首次应用变形稳定器时无需按下该按钮，会自动启动分析。当进行更改时，单击分析按钮重新分析素材。分析不会考虑直接应用至同一素材的任何效果。

　　取消：取消正在进行的分析。

　　稳定：利用"稳定"设置可以调整稳定过程。

　　结果：控制素材的预期效果（"平滑运动"或"不运动"）。平滑运动（默认）：保持原始摄像机的移动，但使其更平滑。在选中后，会启用"平滑度"来控制摄像机移动的平滑程度。不运动：尝试消除拍摄中的所有摄像机运动。在选中该选项后，将在"高级"部分中禁用"更少裁切更多平滑"功能。

　　平滑度：选择稳定摄像机原运动的程度。该值越低越接近摄像机原来的运动，该值越高越平滑。如果该值在 100 以上，则需要对图像进行更多裁切。在"结果"设置为"平滑运动"时启用。

　　方法：指定变形稳定器为稳定素材而对其执行的最复杂的操作。

　　方法下的位置：稳定仅基于位置数据，且这是稳定素材的最基本方式。

　　位置，缩放，旋转：稳定基于位置、缩放以及旋转数据。如果没有足够的区域用于跟踪，变形稳定器将选择上个类型（位置）。

　　方法下的透视：将整个帧边角有效固定的稳定类型。如果没有足够的区域用于跟踪，变形稳定器将选择上个类型（位置、缩放、旋转）。

　　方法下的子空间变形（默认）：尝试以不同的方式将帧的各个部分变形以稳定整个帧。如果没有足够的区域用于跟踪，变形稳定器将选择上个类型（透视）。在任何给定帧上使用该方法时，根据跟踪的精度，素材中会发生一系列相应的变化。在某些情况下，"子空间变形"可能引起不必要的变形，而"透视"可能引起不必要的梯形失真。可以通过选择更简单的方法来防止异常情况。

　　边界：将边界设置调整为被稳定的素材处理边界（移动的边缘）的方式。

　　帧：控制边缘在稳定结果中如何显示。可将取景设置为以下选项之一。

　　• 帧下的仅稳定：显示整个帧，包括运动的边缘。"仅稳定"显示为稳定图像而需要完成的工作量。使用"仅稳定"将允许使用其他方法裁剪素材。选择此选项后，"自动缩放"选项和"更少裁切更多平滑"将处于禁用状态。

　　• 帧下的稳定、裁剪：裁剪运动的边缘而不缩放。"稳定、裁剪"等同于使用"稳定、裁剪、自动缩放"并将"最大缩放"设置为"100%"。启用此选项后，"自动缩放"选项将处于禁用状态，但"更少裁切更多平滑"仍处于启用状态。

　　• 帧下的稳定、裁剪、自动缩放（默认）：裁剪运动的边缘，并扩大图像以重新填充帧。自动缩放由"自动缩放"部分的各个属性控制。

• 帧下的稳定、合成边缘：使用时间上稍早或稍晚的帧中的内容填充由运动边缘创建的空白区域（通过"高级"部分的"合成输入范围"进行控制）。选择此选项后，"自动缩放"选项和"更少裁切更多平滑"将处于禁用状态。当在帧的边缘存在与摄像机移动无关的移动时，可能会出现假像。

自动缩放：显示当前的自动缩放量，并允许对自动缩放量设置限制。通过将取景设为"稳定、裁剪、自动缩放"可启用"自动缩放"。

最大缩放：限制为实现稳定而按比例增加素材的最大量。

动作安全边距：如果为非零值，则会在预计不可见的图像的边缘周围指定边界。因此，自动缩放不会试图填充它。

附加缩放：使用与在"变换"下使用"缩放"属性相同的结果放大素材，但是避免对图像进行额外的重新取样。

在以上的"Warp Stabilizer（变形稳定器）"分析稳定运算结束之后，可以根据效果对"结果""方法"和帧的使用方式进行设置，通常在稳定抖动后会对视频画面进行自动的放大，消除边缘因抖动偏移产生的黑色背景，如图9-11所示。

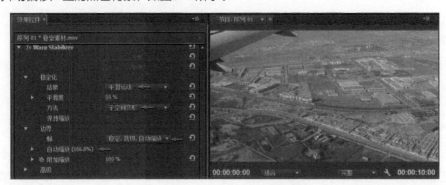

图9-11 变形稳定器的主要设置项

9.3 创建颜色遮罩

在Premiere Pro CC中可以方便地建立遮罩来参与素材与效果设置，例如使用一个某种颜色的背景，或者在遮罩上添加渐变制作渐变颜色的背景，或者在遮罩上添加效果制作其他元素。例如这里先建立一个颜色遮罩，方法如下。

（1）在"项目"面板底部单击"新建项"按钮，选择弹出菜单中的"颜色遮罩"。

（2）在打开的"新建合成"对话框中设置"宽度""高度""时基"和"像素长宽比"以匹配要在其中使用颜色遮罩的序列的相应设置。单击"确定"按钮。

（3）在打开的"拾色器"窗口中为颜色遮罩选择颜色，然后单击"确定"按钮。

（4）在打开的"选择名称"对话框中为颜色遮罩命名，如图9-12所示。

图9-12 建立颜色遮罩

这样在项目面板中建立好颜色遮罩。其默认长度与项目中的其他静止图像一样，由首选项中的"静止图像默认持续时间"的设置所决定。可以在颜色遮罩上添加效果以制作所需要的元素，如图9-13所示。

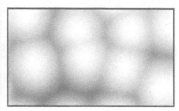

图9-13 在颜色遮罩上建立渐变、棋盘和单元格图案效果

9.4　制作黑场和透明视频

1. 黑场视频

　　如果在基本的视频轨道上不存在其他可见素材区域，则轨道的空白区域将显示为黑色。如果需要，也可以创建不透明的黑场视频，在序列中的任意处使用。创建方法如下。

　　（1）在"项目"面板底部单击"新建项"按钮，并选择弹出菜单中的"黑场视频"。

　　（2）在打开的"新建黑场视频"对话框中设置"宽度""高度""时基"和"像素长宽比"，以匹配使用的序列设置。

2. 透明视频

　　"透明视频"是与"黑场视频"类似，如果要应用一种可以生成自己的图像并保留透明度的效果，例如时间码效果或闪电效果，透明视频就很适用，可以将透明视频视为"遮罩清除"。并不是任何效果都能应用于"透明视频"，而是只能应用那些操作 Alpha 通道的效果，例如时间码、棋盘、圆形、椭圆、网格、闪电、油漆桶、书写等。创建方法如下。

　　（1）在"项目"面板底部单击"新建项"按钮，并选择弹出菜单中的"透明视频"。

　　（2）在打开的"新建透明视频"对话框中设置"宽度""高度""时基"和"像素长宽比"以匹配使用的序列设置。

　　一些第三方镜头光晕和涉及 Alpha 通道的其他效果也适用于透明视频。

9.5 彩条与倒计时

1. 创建彩条和1-kHz音调

可以创建包含彩条和1-kHz音调的一秒钟片段，以作为视频和音频设备的校准参考。例如这里建立一个标清的彩条，方法如下。

（1）先在"项目"面板底部单击"新建项"按钮，并选择弹出菜单中的"彩条"。

（2）打开"新建彩条"对话框，在其中设置"宽度""高度""时基""像素长宽比"和"采样率"，与使用彩条的序列设置相匹配，单击"确定"按钮。将彩条放置到时间轴的视音频轨道中，如图9-14所示。

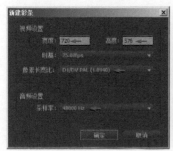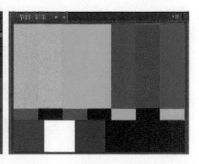

图9-14 建立彩条

一些音频工作流必须在特定的音调级别进行校准。1-kHz 音调的默认级别为 -12 dB（参考电平 0 dBFS）。通过对所选的片段选择"剪辑>音频选项>音频增益"，自定义音调电平以匹配音频工作流。如果在"项目"面板中选择了彩条片段，可以设置新片段实例的默认增益级别。如果在"时间轴"面板中选择片段，则只更改该片段示例的级别。

2. 创建HD彩条和1-kHz音调

Premiere Pro CC 配有HD彩条，符合ARIB STD-B28标准，可用于校准视频输出，合成媒体还包含1-kHz音调。例如这里建立一个高清的HD彩条，方法如下。

（1）先在"项目"面板底部单击"新建项"按钮并选择弹出菜单中的"HD彩条"。

（2）打开"新建HD彩条"对话框，在其中设置"宽度""高度""时基""像素长宽比"和"采样率"，与使用彩条的序列设置相匹配，单击"确定"按钮。将彩条放置到时间轴的视音频轨道中，如图9-15所示。

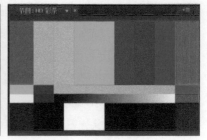

图9-15 建立HD彩条

3. 倒计时片头

在从序列创建影片输出时，有时需要添加倒计时片头，这样可以帮助播放人员确认音频和视频工作正常且同步。可以创建和自定义通用倒计时片头，以添加到项目开头。片头时长为 11 秒。在Premiere Pro CC中创建通用倒计时片头的设置如下。

（1）在"项目"面板底部，单击"新建项"按钮并选择"通用倒计时片头"。

（2）在"新建通用倒计时片头"对话框中设置"宽度""高度""时基""像素长宽比"和"采样率"，以匹配要在其中使用倒计时片头的序列设置。单击"确定"按钮。

（3）在"通用倒计时设置"对话框中，根据需要指定下列选项：

擦除颜色：为圆形一秒擦除区域指定一种颜色。

背景色：为擦除颜色后的区域指定一种颜色。

线条颜色：为水平和垂直线条指定一种颜色。

目标颜色：为数字周围的双圆形指定一种颜色。

数字颜色：为倒数数字指定一种颜色。

出点时提示音：在片头的最后一帧中显示提示圈。

倒数2秒时提示音：在2秒标记处播放提示音。

每秒都响提示音：在片头期间每秒开始时播放提示音。

（4）单击"确定"按钮，如图9-16所示。

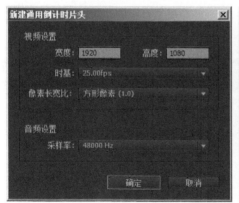
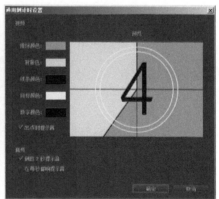

图9-16 建立倒计时

可以通过在"项目"面板中双击倒计时片头来自定义该片段。播放倒计时的效果如图9-17所示。

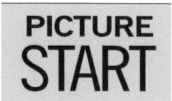

图9-17 倒计时效果

9.6 实例：创建元素动画

在Premiere Pro CC的字幕设计中，除了制作文字之外，也可以放置图像和创建图形本例将使用Premiere Pro CC建立条块，为画面制作条块分割的动画效果，其中条块划过时，在条块中显示出不同色调的画面，并产生折射放大和错位的效果，如图9-18所示。

图9-18 实例效果

本实例的制作讲解请参见本教程光盘中的详细文档教案与视频讲解。

9.7 小结与课后练习

本课首先对视频素材中影响画面显示的几种属性进行讲解和比较，并介绍在导入的素材画面出现变形或时间长度出现问题时需要进行相应的校正。其中涉及素材的像素比、帧画面的大小比例和帧速率的区别，另外Alpha通道的不同解释影响素材是否具有透明背景。接着讲解对抖动素材进行稳定的实用技术和在Premiere Pro CC中创建实用制作元素的操作。

> **课后练习说明**
>
> 根据实例素材，使用Premiere Pro CC制作动画元素，在画面上叠加、包装。其中，可以建立颜色遮罩进行不同比例缩放，使用字幕制作不同的形状图形，以及制作自定义颜色的倒计时片头。

导出设置与项目备份管理

知识点:

1. 导出制作中的单帧视频效果画面或素材画面;
2. 设置导出视音频结果时的范围;
3. 对导出的文件进行格式、编解码等设置;
4. 在Premiere Pro CC或Adobe Media Encoder中渲染;
5. 对制作的项目文件及素材进行备份。

Premiere Pro CC编辑制作的最后流程为导出影片,可以采用最适合进一步编辑或最适合查看的形式从序列中导出视频。Premiere Pro CC支持采用适合各种用途和目标设备的格式导出,例如磁带、DVD、蓝光光盘或影片文件。可以导出可编辑的影片或音频文件,也可以继续在 Premiere Pro CC 以外的其他应用程序中编辑这些文件。同样,可以导出图像序列,或从视频的单个帧中导出静止图像,以用于标题或图形中。

Premiere Pro CC还可以将导出设置发送给另一个专门批量渲染的软件Adobe Media Encoder,并可以采用各种设备,包括专业磁带机、DVD 播放器、视频共享网站、移动电话、便携式媒体播放器以及标准和高清电视机的格式导出视频。

备份Premiere Pro CC项目文件是制作中的良好习惯,包括单个的项目文件和所使用的全部素材文件,使用项目管理器可以将参与编辑的素材文件完整地备份。

10.1 导出帧

1. 在节目面板中导出影片效果画面

可以在节目面板将编辑中的效果画面导出为静止的图像文件。在时间轴中确定要保存帧画面的时间位置,在节目面板中单击"导出帧"按钮,弹出对话框,在其中选择格式、保存路径和确认是否导入到项目中的选项,单击"确定"按钮导出帧画面,如图10-1所示。

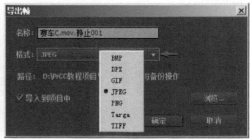

图10-1 在节目面板中导出影片效果画面

2. 在源面板中导出源素材画面

对于某个素材未经处理的源画面，则可以在源面板中进行导出帧画面操作，先双击素材，将其在源面板中打开，然后移动时间指示器至要导出画面的位置，单击"导出帧"按钮，弹出"导出帧"对话框，设置完成后单击"确定"按钮导出帧画面，如图10-2所示。

图10-2 在源面板中导出源素材画面

10.2 确定导出范围

对于时间轴中制作的视音频内容，在导出视音频格式的文件时，需要在"导出设置"窗口中进行详细设置操作，其中首要的设置是确定导出视音频的范围。这里先打开一个序列"剪辑影片"的时间轴面板，在其中分别确定一个工作区、一个入点与出点范围。其中，时间轴内素材整体长度为30秒；工作区为0至24秒24帧，即范围时长为25秒；入点标记为第0帧，出点标记为第19秒24帧，即范围为20秒，如图10-3所示。

图10-3 设置工作区与入出点

选择菜单"文件>导出>媒体"（快捷键为Ctrl+M），打开"导出设置"窗口，在左侧下部为"源范围"选项，在这里可以确定导出文件的范围长度。其中选择"整个序列"时，将导出30秒完整的序列内容；选择"序列切入/序列切出"时，则按标记的20秒入点与出点范围来导出内容；选择"工作区域"时，则按所设置的25秒工作区范围来导出内容。另外还可以选择"自定义"的方式，通过参照"输出"标签下的视频画面内容，调节画面下部范围滑杆两侧的滑块来确定导出范围，如图10-4所示。

图10-4 导出范围的选择

10.3　导出文件的设置

1. 导出文件设置项

　　Premiere Pro CC可以导出多种主流的视音频文件格式。在"导出设置"窗口中确定"源范围"之后，接下来就要对以下几项进行设置。

　　视音频选项：确定导出单独的视频文件、单独的音频文件或者包含音频的视频文件。

　　格式：在"格式"下拉列表中可以看到当前主流的视频格式，以及序列图像格式，这里选择了QuickTime的mov格式。

　　视频编解码器：同一种视频格式往往还有众多不同的编解码方式，上面选择了QuickTime的mov格式之后，仍需要在众多的编码器中选择一种适合的方式，例如这里选择H.264。

　　视频宽度和高度：即导出视频的帧大小，通常导出序列帧大小，实际中根据需求也可以通过"宽度"和"高度"来重新指定一个大小。

　　文件名称和路径：最后需要指定一个文件的存放路径和导出文件的名称，在"输出名称"处进行设置。

　　大多数情况下，经过以上的设置即可确定准备导出的文件。对于部分格式，软件还可以显示出"估计文件大小"的数值以供参考。最后单击"导出"按钮将立即进行渲染计算，导出文件，如图10-5所示。

图10-5 导出文件设置项

2. 导出MOV文件的3种常用编解码

在导出视频的格式中，QuickTime的mov格式是制作上常用的格式，但有多种编解码方式，其中常用的3种编解码方式如下。

（1）H.264方式，画质相对较低，但占用存储空间很少，可用于预览视频。

（2）Photo-JPEG方式，画质与占用存储空间都相对居于中等水平。可用于再编辑。

（3）动画方式，无压缩，保证视频质量的编解码方式，可以包括透明背景信息的Alpha通道，占用存储空间大。

10.4 添加到队列渲染

1. 在Premiere Pro CC中发送导出设置

在"导出设置"窗口中设置完毕后，可以使用"队列"或"导出"这两个按钮中的一个来进行渲染计算。单击"导出"按钮将使用Premiere Pro CC软件本身来渲染计算，在渲染计算的过程中，Premiere Pro CC不能进行其他操作。而单击"队列"按钮，Premiere Pro CC将会发送导出设置到另一个专门用来渲染计算的外部软件Adobe Media Encoder，将其启动并添加导出设置为其渲染队列中的一个待渲染文件，如图10-6所示。

图10-6 启用Adobe Media Encoder并显示接收的待渲染文件

2. 在Adobe Media Encoder中进行批量渲染

可以由Premiere Pro CC中的"导出设置"将多个准备导出的文件发送到Adobe Media Encoder的队列中，单击队列面板右上角的开始按钮，即可进行批量输出。这样不必在Premiere Pro CC中等待渲染计算，在Adobe Media Encoder批量输出的同时，Premiere Pro CC可以继续进行其他编辑制作，如图10-7所示。

图10-7 在Adobe Media Encoder中进行批量渲染

10.5　项目备份管理操作

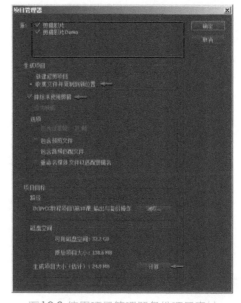

在完成项目的制作之后，可以根据需要对有些项目进行备份。备份时不仅针对单个项目文件，还针对所有使用中的素材文件。Premiere Pro CC可以使用"项目管理器"来进行备份操作。在打开的项目中，选择菜单"文件>项目管理"，打开"项目管理器"设置窗口，在"源"的右侧可以将不需要的序列排除。在"生成项目"选择"收集文件并复制到新位置"可以复制原来的素材文件。选择"新建修剪项目"会修剪掉长素材中未用部分并重新按序号命名素材文件，在备份空间够用的情况下不推荐此项。视需要设置"排除未使用剪辑"的选项，即是否排除未在序列中使用的素材文件。然后设置备份存储路径，单击"计算"按钮还可以估计备份文件的大小供参考，如图10-8所示。

图10-8 使用项目管理器备份项目素材

10.6　实例：制作影片并设置导出

本例使用系列风景图像素材和音乐素材制作一段风景展示的影片，然后进行素材备份管理并最终导出影片。实例效果如图10-9所示。

图10-9 实例效果

本实例的制作讲解请参见本教程光盘中的详细文档教案与视频讲解。

10.7　小结与课后练习

本课先讲解了导出制作中视音频内容的导出操作，在制作中有时需要导出某些单帧画面，可以分不同的需求在节目面板或源面板中导出。当需要导出视音频内容时，范围的确定可以分为入出点、工作区域、整个序列或自定义几种方式。导出文件比较重要的设置有文件的格式和编解码，这需要在实际制作中先充分了解需求才能确定对应的导出设置。最后需要掌握对项目文件及其使用的素材进行完整备份的操作方法。

课后练习说明

对实例进行多种不同格式和不同编解码设置，发送到Adobe Media Encoder中进行批量渲染，然后将项目和素材文件备份到不同的磁盘文件夹中。

下篇
效果应用

Lesson 11

视频
过渡

知识点：

1. 了解单面过渡和双面过渡；

2. 默认过渡方式的修改设置；

3. 剪辑前后适当预留的好处；

4. 剪辑之间无重叠如何添加过渡；

5. 了解Premiere Pro CC中有哪些视频过渡。

影片通常都由数量不等的场景分镜头连接而成，大多数情况下镜头与镜头之间用直接切换的方式，叫作"切"；有时也采用另外几种方式，如"划"：前一镜头结束时用边线划过屏幕的方法；"淡入"：将一个镜头由黑画面转为正常亮度；"淡出"：将一个镜头以逐渐转为黑画面的方式结束；"叠化"：将一个镜头尾部画面与接下来镜头的开始做短暂交叠的连接方式。这些划像、淡入、淡出和叠化的连接方式，在Pr CC中称作过渡。

过渡在电影、电视、纪录片等较为正式的影片中，大多仅限于段落前后的黑场淡入、淡出，以及两个镜头之间的"交叉溶解"，其他的过渡应用较少。新闻片中的镜头连接则几乎全部直接使用"切"的方式。在一些非严谨的制作中则可以有针对性地选用一种或几种过渡来为影片增色，例如娱乐节目、家庭的照片视频等。

过渡的最大好处就是简单、实用、便捷，过渡的制作也很容易掌握。除了常规连接镜头之外，活用过渡还可以在一定限度内辅助包装视频，不过这都是些简单的包装方式，更进一步的包装效果还是需要"视频效果"或者利用After Effects等专用工具软件来实现。

11.1 单面和双面过渡的使用

在Pr CC中，可以在轨道中一个片段的头尾添加过渡，称为单面过渡，也可以在两个片段连接处添加过渡，称为双面过渡。

（1）添加单面过渡。在"效果"面板下展开"视频过渡"，从中选择"划像"下的"交叉划像"，将其拖至轨道中单独一个片段的前面，如图11-1所示。

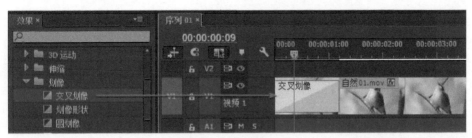

图11-1 添加单面过渡

查看过渡效果，由黑背景（其实是透明背景）过渡到全画面，过渡时长为划像效果显示的长度范围，如图11-2所示。

图11-2 查看单面过渡效果

（2）在单面过渡下放置剪辑。将原剪辑放在V2轨道上，将另一个片段放在V1轨道上，这样原来的黑背景由下面轨道的画面取代，即前面V1轨道的画面按划像的方式逐渐过渡到后面V2轨道的画面，如图11-3所示。

图11-3 在单面过渡下面放置素材

（3）在两个片段间添加双面过渡。在此将前一素材的后半段剪切掉，再将后一素材的前半段剪切掉，在同一轨道前后连接起来，将"交叉划像"拖至轨道中素材连接处，为两段素材添加划像过渡，如图11-4所示。

图11-4 添加双面过渡

查看这个过渡效果，该效果用单面和双面这两种方法都可以完成，如图11-5所示。

图11-5 查看双面过渡效果

11.2　快捷键的使用与过渡的默认设置

1. 使用快捷键添加过渡

（1）视频过渡的默认快捷键为Ctrl+D，在使用中又存在几种不同的操作情况。当目标切换轨道为选中状态，并且时间位置位于单独片段的一端时，按快捷键Ctrl+D为其添加单面过渡，可以单轨道或多轨道，如图11-6所示。

图11-6 使用快捷键在时间位置处添加单面过渡

（2）当目标切换轨道为选中状态，并且时间位置位于前后片段的连接处，按快捷键Ctrl+D为其添加双面过渡，可以单轨道或多轨道，如图11-7所示。

图11-7 使用快捷键在时间位置处的多轨道中添加双面过渡

（3）对于任意轨道中处于选中的片段，按快捷键Ctrl+D可以为其添加单面过渡，如图11-8所示。

图11-8 使用快捷键为所选中的片段添加单面过渡

（4）对于任意轨道中处于选中的多个相连接的片段，按快捷键**Ctrl+D**可以为其添加全部的单面或双面过渡，如图**11-9**所示。

图11-9 使用快捷键为所选中的多个片段同时添加单面或双面过渡

2. 设置默认过渡效果

在"效果"面板展开"视频过渡"下的"溶解"，在默认状态"交叉溶解"前面的图标有黄色的方框，代表使用快捷键将添加这个过渡效果。如果要默认使用其他的过渡，可以在新的过渡效果上单击鼠标右键，在弹出的菜单中选择"将所选过渡设置为默认过渡"，如图**11-10**所示。

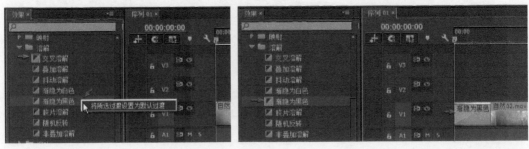

图11-10 更改设置默认的过渡

提示　可以在集中添加某一种过渡时暂时指定新的默认过渡，可以由快捷键操作添加，制作完毕后再指定回原来默认设置。

3. 设置默认过渡时间

选择菜单"编辑>首选项>常规"命令，在打开的"首选项"对话框中将视频过渡默认持续时间修改为需要的帧数，这样添加的过渡均会默认为这个时间长度，如图11-11所示。

图11-11更改设置默认过渡持续时长

 SKILL

行业技巧　当制作中所添加过渡操作的次数较多时，可以按当前制作的需要暂时指定视频过渡默认持续时间，通常数值会设为1~2秒的长度，一般闪白只有3~5帧，而影片段落头尾的黑场过渡则有2~5秒的长度。建议将默认的过渡设置为2秒。

11.3　素材镜头的长短对过渡使用的影响

1. 为紧凑剪辑片段添加过渡

（1）先来比较一下"切"镜头与"叠化"镜头在剪辑上的区别，这里准备了一组镜头：2秒的"紧凑剪辑01.mov"、3秒的"紧凑剪辑02.mov"和4秒的"紧凑剪辑03.mov"，如图11-12所示。

图11-12 查看3段紧凑剪辑的素材镜头

（2）将这3段连接起来的长度为9秒，直接作镜头切换连接时，动作完整；如果为其添加过渡，因为存在片段间的重叠，长度则可能变为7秒以下，同时各个片段显得不能够充分展示完整动作，如图11-13所示。

图11-13 为紧凑剪辑的片段添加过渡的效果

所以在平时的镜头拍摄和整理中，一般都要在重要动作期间的前后都留出2～5秒的富余时长，方便后期制作中可能采用叠化等过渡手法的使用。

2. 为宽松剪辑片段添加过渡

（1）这里再看另一组拍摄镜头：6秒的"宽松剪辑01.mov"、7秒的"宽松剪辑02.mov"和10秒的"宽松剪辑03.mov"，分别在对应紧凑剪辑的前后各多出2～3秒的富余时长，如图11-14所示。

图11-14 查看3段宽松剪辑的素材镜头

（2）将这3段连接起来长达23秒，实际动作则为9秒，考虑到在片段1前保留2秒，片段1与片段2之间重叠2秒，片段2与片段3之间重叠2秒，在片段3后保留3秒，这样最终片长18秒。

（3）将片段1放在V1轨道开始处，片段2移至V2轨道，并与片段1尾部重叠2秒。

（4）将片段3开始动作部分延出的3秒剪掉1秒，放在V1轨道，并与片段2重叠2秒。

（5）为V1轨的首尾和片段2的首尾添加默认的2秒长度的"交叉溶解"过渡，其中将结尾过渡修改为3秒，这样3个片段自然过渡，动作完整，如图11-15所示。

图11-15 为宽松剪辑的片段添加过渡的效果

（6）当然也可以将这3个片段放在同一轨道中进行相同效果的制作。这就需要在片段1与片段2之间以及片段2与片段3之间再各剪切去1秒的长度，然后添加双面过渡即可，如图11-16所示。

图11-16 将剪辑放在同一轨道上使用双面过渡

行业技巧 在以磁带录制的视频通过捕捉成为数据文件时，往往一个文件包括有多个场景镜头，因此在剪辑添加过渡时，注意不要将延伸出的过渡重叠时间段中包含有其他镜头。在捕捉磁带时如有按场景保存单个文件的选项，则建议使用。当前越来越多地使用存储卡录制视频的数字摄像机，通常一个镜头自动保存为一个文件，即从开始录制到结束录制的一个场景对应一个文件，这对后期按镜头剪辑很有好处，也不会出现剪辑中或过渡中夹有其他镜头的现象。

11.4 过渡设置与过渡重复帧

1. 修改过渡设置

（1）对添加的过渡根据需要可以进行适当修改设置，这些操作在"效果控件"中进行。将剪辑片段"风车01.mov"的尾部和"风车02.mov"的头部分别剪切去2秒，然后将其前后连接起来。

（2）从"视频过渡"的"3D运动"下将"摆入"拖至片段之间，如图11-17所示。

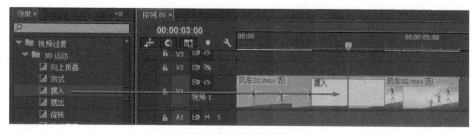

图11-17 添加过渡效果

效果如图11-18所示。

图11-18 查看过渡效果

（3）在时间轴中选中两个片段间的过渡，可以在"效果控件"面板中显示出过渡的相关设置，这里设置如下：勾选"显示实际源"复选框可以显示出A和B两个片段的实际画面；单击左上角过渡方向右侧的小三角形，使用从右向左的方向；将"持续时间"设置为"3秒"；将"边框宽度"设置为"5.0"，将"边框颜色"设置为"白色"；勾选"反向"复选框，即后一片段入画的过渡方式转变为前一片段出画的过渡方式；最后在"效果控件"右侧的时间轴区（如果没显示出来可以单击右上角"隐藏/显示时间轴视图"的小三角形切换显示状态），再使用鼠标向左拖动过渡区域的位置，以自定义过渡的起点，如图11-19所示。

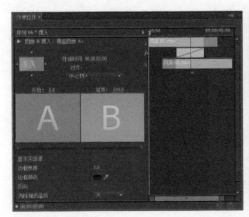

图11-19 修改过渡设置

2. 过渡重复帧

（1）在制作中，通常在同一轨道中为两段前后连接的片段添加过渡，当这两个片段之间没有重叠或重叠较短时，可以使用重复帧（重复使用一端的静帧图像）的方法来解决问题。在时间轴中将"风车01.mov"和"风车02.mov"不经剪切前后连接。

（2）从"视频过渡"的"3D运动"下将"旋转"拖至两片段之间，此时因为两个片段没有重叠部分，所以过渡区域全部以纹理显示，表示重复帧的意思，如图11-20所示。

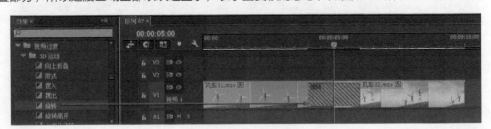

图11-20 产生过渡重复帧

（3）查看效果，"风车01.mov"画面在5秒之后即后3幅图画中处于静止状态，"风车02.mov"画面在5秒之前即前3幅图画中处于静止状态。也就是说当过渡重叠区域超出片段原始的出点或入点时，将使用出点或入点静态的重复帧画面来解决长度不够的问题，如图11-21所示。

图11-21 查看过渡中有部分静止的画面

（4）将 "风车01.mov" 后面剪切1秒，"风车02.mov" 不经剪辑，然后将其前后连接。

（5）将"旋转"拖至两片段之间，此时因为两个片段只有1秒的重叠部分，所以原来默认为2秒的过渡长度此时变为1秒，如图11-22所示。

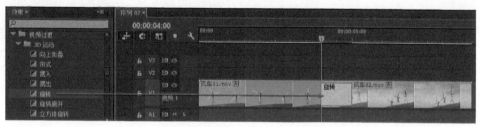

图11-22 过渡的长度因重叠较短而相应变短

（6）此时仍可以在"效果控件"中将过渡时间修改为所需要的长度，超出1秒的部分以重复帧的形式显示，默认的对齐方式也可以更改，如图11-23所示。

3. 过渡的替换和复制

对于在时间轴片段中已经添加的过渡，可以选中后将其删除，以添加新的过渡，也可

图11-23 修改过渡的持续时间和对齐方式

以将新的过渡直接拖至原来的过渡上将其替换，替换后将保留之前的长度和对齐方式。

可以选中某个添加和设置好的过渡，按快捷键Ctrl+C复制，然后将时间移至其他片段之间，按快捷键Ctrl+V粘贴过渡。

选中前面已有的过渡按快捷键Ctrl+C复制下来，将时间移至12秒处，按快捷键Ctrl+V，这样在V1轨道中粘贴了双面过渡，在V2轨道中粘贴了单面过渡，如图11-24所示。

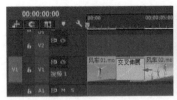

图11-24 复制和粘贴过渡

11.5 常用的过渡效果

1. 过渡效果组及支持应用的图标

在"效果"面板的"视频
过渡"下有10组过渡效果，每
组下又有几个至十几个数量不
等的过渡，在某些过渡后还有
加速效果、32位颜色和
YUV效果图标显示，表明
当前过渡支持相应的应用。单
击某个图标后，会筛选显示支
持其应用的过渡，如图11-25
所示。

图11-25 面板中的10组视频过渡和筛选显示加速效果的视频过渡

当为同一时间轴中的片段添加"交叉溶解"和"抖动溶解"时，因为"抖动溶解"不支持加速显示效果，其在实时显示上会有所区别。有关加速效果请查看第12课相关内容。

2. 过渡的渲染区别

（1）选择菜单"文件>项目设置"，在打开的"项目设置"对话框中将渲染程序设置为仅使用软件渲染，此时两种过渡在时间轴上均以红色的不能完全实时预览的方式显示，如图11-26所示。

图11-26 仅使用软件渲染的情况

（2）再将"项目设置"对话框中的渲染程序设置为加速方式渲染，此时"交叉溶解"转变为完全实时预览的方式显示，如图11-27所示。

 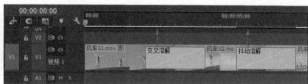

图11-27 使用加速方式渲染的对比

3. 视频过渡的效果展示

（1）"3D运动"过渡组效果展示，如图**11-28**所示。

图11-28 "3D运动"过渡组效果

（2）"伸缩"过渡组效果展示，如图**11-29**所示。

图11-29 "伸缩"过渡组效果

（3）"划像"过渡组效果展示，如图**11-30**所示。

图11-30 "划像"过渡组效果

（4）"擦除"过渡组效果展示，如图**11-31**所示。

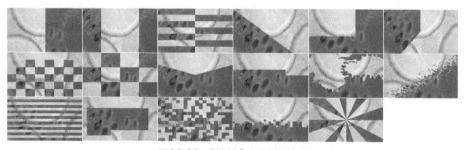

图11-31 "擦除"过渡组效果

提示 "擦除"中的"渐变擦除"过渡可以自定义从黑到白的渐变图案作为过渡动态的参考。

（5）"映射"过渡组效果展示，如图11-32所示。

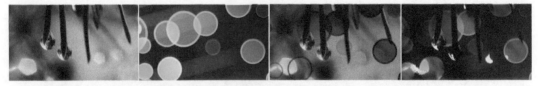

图11-32 "映射"过渡组效果（其中前两幅为原画面）

（6）"溶解"过渡组效果展示，如图11-33所示。

图11-33 "溶解"过渡组效果（其中前两幅为原画面）

提示 "溶解"中的"交叉溶解"是默认的过渡，"渐隐为白色"可以在两个片段间制作简单的闪白，"渐隐为黑色"可以在两个片段间制作淡出到黑场后再淡入的效果。

（7）"滑动"过渡组效果展示，如图11-34所示。

图11-34 "滑动"过渡组效果

（8）"特殊效果"过渡组效果展示，如图11-35所示。

图11-35 "特殊效果"过渡组效果（其中前两幅为原画面）

（9）"缩放"过渡组效果展示，如图**11-36**所示。

图11-36 "缩放"过渡组效果

（10）"页面剥落"过渡组效果展示，如图**11-37**所示。

图11-37 "页面剥落"过渡组效果

11.6　实例：撕页动画

本例利用过渡来制作撕页的动画效果，其中使用了单面过渡，并对过渡进行了多个方向的修改设置。实例效果如图**11-38**所示。

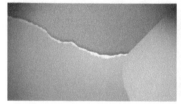  

图11-38 实例效果

本例的制作讲解请参见本教程光盘中的详细文档教案与视频讲解。

11.7　小结与课后练习

本课介绍了Pr CC视频过渡部分的知识点，包括单面过渡、双面过渡、过渡剪辑对素材长度的要求、更改过渡默认设置，以及针对过渡的快捷操作等，并且将Pr CC中的全部过渡效果展示出来，便于学习者对过渡方式有全面了解。

课后练习说明

使用一组素材和背景音频，添加过渡制作展示、欣赏的短片，其中注意过渡的风格尽量与画面、音乐的主题靠近，而不要过多的花哨。

视频效果
的使用

知识点：

1. 固定效果与标准效果及基本操作；
2. 为多个素材应用相同的效果；
3. 保存自定义的效果预设；
4. 挑选效果保存到自定义效果组；
5. 了解加速效果及其启用方法。

"效果"一词被广泛使用，简单地说就是得到更明显的结果，在Premiere Pro CC中也一样，可以通过软件所提供的"效果"设置，为制作的方方面面带来明显的不同之处。Premiere Pro CC中的"效果"也称作"特效"，用来改变画面或声音，产生不同的视觉或听觉效果，为制作提供不同的表达方式，更好地传递信息。

在使用Premiere Pro CC进行制作的过程中，素材的剪辑是一项主要操作，另一项操作则是素材的效果应用，包括视频和音频，本课主要介绍视频效果的应用。有了视频效果作为保障，才能够大胆地在剪辑过程中使

用前期的拍摄素材和其他视频、图像素材。例如，偏色的画面可以使用效果来校正颜色，过大或过小的图像可以使用效果来缩放，需要同时出现的多个元素可以使用效果来进行抠像、叠加或排列放置等。后期的效果处理可以解决很多问题，这样就不用一味地要求前期必须完成较难实现的拍摄，也不用过于严格地要求备用素材完美无缺。

12.1 效果应用的基本操作

1. 固定效果

在时间轴选中素材片段之后，在"效果控件"面板中会显示出几个固定不变的基本效果，分别为视频部分的"运动""不透明度"和"时间重映射"效果，音频部分则有"音量""声道音量"和"声像器"效果。这些素材的基本效果称为"固定效果"，默认位于"效果控件"面板中，并且不可删除。

2. 添加标准效果

除了"效果控件"面板中的固定效果，其他在"效果"面板中的效果被称作"标准效果"。这些效果可以使用拖放的方法从"效果"面板中拖至"时间轴"的素材片段

上或其"效果控件"面板中，也可以先选中素材片段后双击"效果"面板中的效果将其应用。添加的效果需要在"效果控件"面板中进行相关的属性设置操作，如图12-1所示。

图12-1 添加标准效果

3. 效果的重置、关闭和删除

在改变效果的属性数值后，可以单击其右侧的"重置效果"按钮恢复初始的默认设置，或者关闭效果的启用开关将其禁用。对于所添加的标准效果，也可以按Delete键将其删除，如图12-2所示。

图12-2 效果的重置、启用或禁用

提示　如果在效果名称前有四角控制点小图标时，表明选中这个效果后可以在节目面板中显示操控点，这样可以先用鼠标快速调整操控点再进一步精确数值。

4. 复制和粘贴选中效果

要为多个素材片段设置相同的效果时，可以在"效果控件"面板中选中一个或多个效果，先将其复制（快捷键Ctrl+C），再选择其他素材片段进行粘贴（快捷键Ctrl+V）。例如，可以将相同的颜色校正应用于在类似光照条件下拍摄的一系列素材片段上。

5. 粘贴素材片段和粘贴属性

效果的属性设置中包括变化的属性数值和动画关键帧。在选中某一个素材片段进行复制（快捷键Ctrl+C）之后，可以按两种方式进行粘贴。

一种是常规的粘贴（快捷键Ctrl+V），即产生相同的副本素材片段；

另一种是选中其他素材片段，粘贴属性（快捷键Ctrl+Alt+V），即粘贴效果属性设置，而不是素材内容。

12.2　将效果应用于多个素材的方法

可以先在"时间轴"面板中选中多个素材片段，然后从"效果"面板中将一个效果同时应用于这多个素材片段上，但在进行修改设置时，还需要逐个进行。即先在时间轴中选中一素材片段，然后在"效果控件"面板中显示出其效果，此时才能进行修改设置。同时选择多个素材片段时，在"效果控件"面板中将不显示内容。

1. 为多个素材设置相同效果的方法

在Premiere Pro CC中同为多个素材设置相同效果的方法有多种。

方法一：复制一个片段中设置好的效果，然后选中其他片段，粘贴效果。

方法二：复制一个设置好效果的片段，然后选中其他片段，粘贴属性。

方法三：在一个序列中放置要设置相同效果的片段，使用嵌套将这个序列作为一个素材片段设置效果。

方法四：使用Premiere Pro CC提供的调整图层。

2. 使用调整图层

调整图层本身没有内容，仅用来添加效果并将效果应用到其下方轨道的素材上。这样可以对多个轨道的画面同时应用效果。例如这里在项目面板下部单击"新建项"按钮，选择弹出菜单中的"调整图层"，然后从项目面板中将新建的"调整图层"拖至时间轴中，放置在已有素材片段之上的轨道中，如图12-3所示。

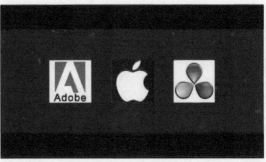

图12-3 建立和放置调整图层

单独为调整图层添加一个模糊效果，其作用于下方各轨道的素材画面上，如图12-4所示。

图12-4 添加模糊效果

如果其中的背景不使用这个模糊效果，可以采取嵌套的方法，选中调整图层和需要效果的片段，在其上单击鼠标右键弹出菜单并选择"嵌套"，弹出"嵌套序列名称"的提示对话框，将其命名并单击"确定"按钮，这样将应用模糊效果的片段转变为单独一个嵌套的片段，排除了对背景的影响。在制作过程中为解决不同的需求使用不同的方法，可以为操作带来灵活性，如图**12-5**所示。

图12-5 将选中素材片段转为嵌套序列

12.3　为效果保存预设

对于较为固定的、常用的或复杂的效果设置，可以将其以效果预设的方式保存下来，为下次使用提供方便。例如这里为一个素材片段添加两个效果，并设置属性，如图**12-6**所示。

 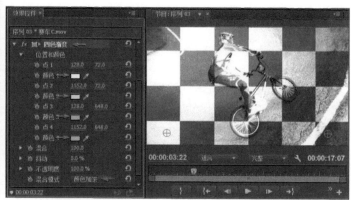

图12-6 先设置效果

配合Ctrl键选中这两个效果，在其上单击鼠标右键，在弹出的菜单中选择"保存预设"，在弹出的对话框中为预设命名，单击"确定"按钮。这样在"效果"面板中的"预设"下将出现新建立的预设，如图12-7所示。

图12-7 将效果保存预设

12.4 自定义效果组

在"效果"面板中的内容项比较多，有"视频效果""音频效果""视频过渡""音频过渡"等，并且展开后还有下级的子效果组。可以自定义效果组，将所挑选的常用的效果链接放置在其中。这些效果组也被称作"素材箱"。

与在项目面板中建立素材箱方法相同，在"效果"面板下部单击"新建自定义素材箱"按钮可以在"效果"面板中建立一个素材箱，将其命名，然后将所需要的效果拖至素材箱中即可。可以建立多个自定义的素材箱，可以或嵌套多个级别的素材箱，选中素材箱并单击面板下部的删除按钮则将其删除。例如这里建立效果、过渡和预设的自定义素材箱，按组放置效果，并将自定义的预设拖至素材箱中，如图12-8所示。

图12-8 建立自定义素材箱分类存放效果

12.5 使用加速效果

1. 加速效果简介

有些效果可以充分利用经过Adobe公司认证图形卡的处理能力来加速渲染。这种使用 CUDA 技术的效果加速方式是 Premiere Pro CC中高性能Mercury playbackengine 的功能之一。可以被加速显示的效果右侧显示有"加速效果"图标，在"效果"面板中单击效果搜索栏右侧的"加速效果"图标，可以筛选显示符合加速显示的效果。

2. 加速效果的条件

另外符合加速显示的效果仅在项目使用了加速渲染程序之后才能得到加速。即效果加速需要具备以下的条件：

（1）计算机安装有经过Adobe认证的在Premiere Pro CC中提供CUDA效果加速的显卡；

（2）Premiere Pro CC项目使用了加速渲染程序；

（3）在素材片段上所添加的效果属于"加速效果"。

3. 启用加速渲染程序的方法

在Premiere Pro CC项目中启动加速渲染程序的方法是：选择菜单"文件>项目设置>常规"，打开"项目设置"对话框，在其中的"视频渲染和回放"下选择"渲染程序"为"Mercury Playback Engine GPU 加速（CUDA）"选项。如果计算机的显卡没有支持该功能，那么使用"仅 Mercury Playback Engine 软件"选项将不对这些效果进行加速，如图**12-9**所示。

 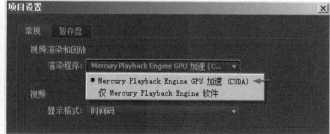

图12-9 加速效果和渲染程序选项

 提示 在Premiere Pro CC的安装程序文件夹下有一个cuda_supported_cards.txt文件，在其中列出了Adobe认证显卡及型号，如果当前计算机有相近的显卡而没有出现在其中，可以尝试将该显卡加入，其中以支持NVIDIA显卡为主。

12.6 实例：效果实例

本例将使用几段视频和一段音频素材制作一组分割画面效果，并为分割的画面调整不同的颜色。在制作中对画面应用效果，使用字幕中的图形功能制作分割画面的色块，并复制和粘贴效果，实例的效果如图**12-10**所示。

图12-10 实例效果

本例的制作讲解请参见本教程光盘中的详细文档教案与视频讲解。

12.7　小结与课后练习

本课首先讲解固定效果、标准效果和效果的基本操作，其中可以将效果复制并粘贴到别的素材片段上，也可以复制素材片段，粘贴其中的属性设置。然后讲解将效果应用于多个素材的方法，其中一种方法为调整图层的使用。接着讲解自定义预设和效果组，并了解加速效果，以检查自己的设备是否为启用加速渲染程序的方式。最后制作一个为视频画面添加颜色分割的效果实例。

课后练习说明

为这几段实例素材中的一段设置不同的效果，然后使用不同的复制方法进行效果的复制和粘贴，包括粘贴效果、粘贴属性和应用保存的预设这几种方式。

Lesson **13**

音频
编辑

知识点：

1. 音频格式和声道类型；
2. 音频的显示和音量的调整；
3. 音频声道的修改；
4. 视音频的链接；
5. 音频的过渡。

Premiere Pro CC的编辑制作以视频编辑为主，但是对于音频编辑也不可忽视。在一般所说的视频、影片中都包含音频部分。在表现影片的效果中，视频与音频相互结合，相互衬托，难以比较谁更重要。Premiere Pro CC对音频编辑有很好的兼容性，可以对主流制作中的音频格式或不同声道类型的音频进行混合编辑，也可以输出多种格式和声道类型的音频文件。

13.1 音频格式与多声道的区别

1. 常用音频格式

当前的音乐文件分为多种格式，例如常见的wav、mp3、aif等，可以将多种不同类型的音频文件导入到项目面板中。双击项目面板中的音频素材，可以将其在源面板中打开，显示音频波形，播放和监听音频内容，如图13-1所示

图13-1 导入音频并在源面板中打开

2. 3种声道类型的音频

当前在制作中，音频素材中按不同的声道数量，通常分为单声道、立体声和5.1声道。例如这里导入这3种声道类型的音频素材文件，打开其源面板，如图13-2所示。

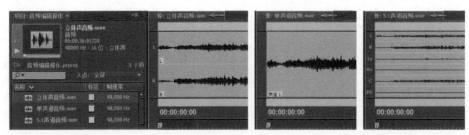

图13-2 3种声道类型的音频

虽然有多种格式类型和多种声道数量，但这些音频素材均可以放置到时间轴的音频轨道中，进行混合编辑制作。增大轨道的高度，可以显示音频素材的波形和声道数量，如图13-3所示。

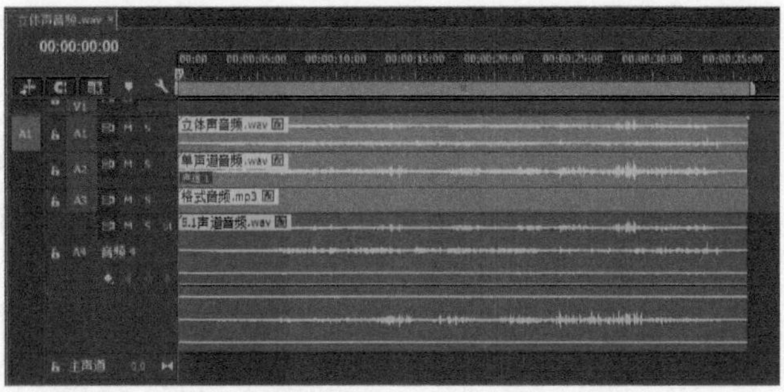

图13-3 不同音频在时间轴中的显示

13.2 音量的调整

1. 音频波形与单位的显示

在时间轴中勾选"显示音频时间单位"，将使用音频的单位来显示标尺刻度，这样对音频可以用相对非常细小的单位来进行操作，不过通常情况下使用视频的帧作为最小单位即可满足剪辑需要，音频单位过小会导致操作上的不便。

对于音频波形的显示也有了两种图形方式，这里选择"调整的音频波形"，效果如图13-4所示。

图13-4 切换音频波形与单位的显示

通常情况下会取消"显示音频时间单位"和"调整的音频波形"的勾选，显示的效果如图13-5所示。

图13-5 切换音频波形与单位的显示

2. 声道和音量的调整

　　在时间轴中选中音频素材片段后，可以在"效果控件"面板中显示其音频的固定效果，包括"音量""声道音量"和"声像器"。通过"音量"来调整音频各声道的整体音量大小。通过"声道音量"来分别调整各个声道音量的大小，通过

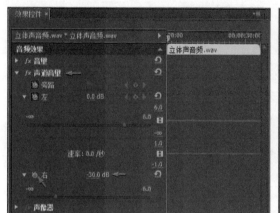

图13-6 声道和音量的调整

"声像器"则可以调整声道之间的平衡。例如这里对立体声序列中的"声道音量"进行调整，减小右声道的音量，播放时可以查看到右声道的音量指示明显降低，如图**13-6**所示。

　　提示　　左、右声道音量属性默认状态打开了前面的秒表，在播放中更改数值容易设置成关键帧动画，需要对其有所了解，避免误操作。

3. 使用最佳音量

　　在进行音量的调整过程中，凭听觉难以确定最佳的音量高度，这时可以使用Premiere Pro CC的音频增益功能来自动检测和调节音量。例如向时间轴中放置一个音频素材，查看音频波形，播放监听并查看音量指示，可以看到当前音量较低，如图**13-7**所示。

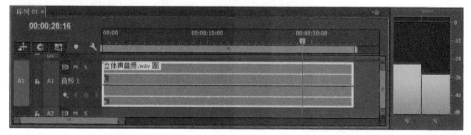

图13-7 较低的音量状态

在其上单击鼠标右键，选择弹出菜单中的"音频增益"，会打开"音频增益"对话框，在其中显示有"峰值振幅"的音量大小。选择"标准化最大峰值为：0dB"，单击"确定"按钮，如图13-8所示。

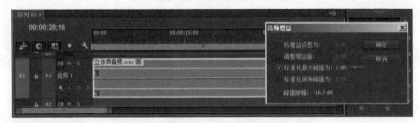

图13-8 使用音频增益功能

这样，可以看到音频波形发生变化，播放并监听后可以得知音量得到提高，但音量指示在峰值处没有出现红色的警示，被控制在剪切峰值的水平之下，即软件自动对音频调整到最佳的音量状态，如图13-9所示。

图13-9 最佳化音量

13.3 修改剪辑音频声道

音频的声道在Premiere Pro CC中可以进行转换，例如将立体声转换为两个单声道，将5.1声道转换为6个单声道，另外，在编辑制作中以立体声音频为主，也可以将单声道或5.1声道转换为立体声音频，这样可以为编辑制作中对音频的处理带来方便。

1. 拆分为单声道

可以方便地将立体声或5.1声道的音频拆分为单声道，方法是先在项目面板中选中音频素材，然后选择菜单"剪辑>音频选项>拆分为单声道"，这样在项目面板中针对立体声素材将会出现左、右两个单独声道的音频，针对5.1声道素材将会出现6个单独声道的音频，如图13-10所示。

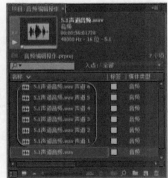

图13-10 拆分单声道

2. 修改音频声道

在Premiere Pro CC中，通过"音频声道"还可以更为灵活地对音频进行不同声道类型的转换。例如将立体声音频素材转换为单声道时，可以在项目面板中先选中音频素材，选择菜单"剪辑>修改>音频声道"（快捷键为Shift+G），打开"修改剪辑"设置窗口，在其中选择"预设"为"单声道"，这样"音频轨道数"为"2"，"声道格式"为"单声道"。然后从项目面板中将修改声道之后的音频素材拖至时间轴中，会以两个单声道音频的方式放置在两个轨道中，如图13-11所示。

图13-11 将立体声转换为单声道

如果将5.1声道的音频素材转换为立体声，则可以选中该音频素材，然后打开"修改剪辑"设置窗口并选择"预设"为"立体声"，这样"音频轨道数"为"3"，"声道格式"为"立体声"。然后从项目面板中将修改声道之后的音频素材拖至时间轴中，原来的6个声道会以3个立体声音频的方式放置在3个轨道中，如图13-12所示。

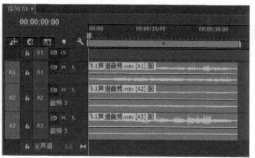

图13-12 将5.1声道转换为立体声

3. 提取音频

对于视频中包含的音频，也可以快速将其音频提取生成为音频文件。例如在项目面板中选中包含音频的素材"剪辑视频1.mov"，选择菜单"剪辑>音频选项>提取音频"，将音频部分快速提取保存到项目文件夹中，并出现在项目面板中，如图13-13所示。

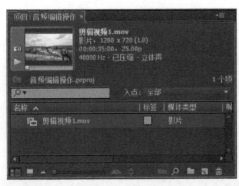

图13-13 提取音频

提示　　另外在大多数的制作中，序列的主音轨通常为立体声音频，在导出制作结果时，音频可以输出立体声，也可以设置为单声道输出。在需要5.1声道的制作中，可以在建立序列时选择主音频为5.1声道，这样可以输出标准的5.1声道音频。

13.4　视音频的链接与独立入出点调整

将包含有音频的视频素材放置到时间轴中时，视音频处于链接的状态，在选择素材片段时两者会同时被选中，移动或剪切素材片段时，其视频和音频部分也同时被进行相应处理。如果需要对视频或音频部分进行单独处理，可以在时间轴中选中素材片段，选择菜单"剪辑>取消链接"，或者在素材片段上单击鼠标右键，选择弹出菜单中的"取消链接"，这样就可以分开操作视频或音频部分，如图13-14所示。

图13-14 取消视音频的链接

对于分开的视频和音频，也可以同时将其选中后再选择菜单"剪辑>链接"，这样将其再次链接到一起。

对于链接在一起的视音频素材，还可以在按住Alt键的同时使用鼠标调整其中某一部分的入点或出点，这样可以单独改变某一部分而不影响另一部分。例如这里按住Alt键不放，使用鼠标向左拖动音频的出点，单独修剪音频的结尾部分，如图13-15所示。

图13-15 配合Alt键单独调整音频出点

13.5　音频的过渡和淡入淡出

1. 3种音频过渡方式

视频的素材片段之间有众多的过渡效果，音频则提供了3种过渡方式，分别为"恒定功率""恒定增益"和"指数淡化"。在使用上音频过渡也较为简单，同视频过渡相似，可以将过渡添加在两段音频素材之间，形成交叉的淡出和淡入连接。可以按快捷键**Ctrl+Shift+D**在音频的剪辑点添加默认的音频过渡。这3种音频过渡如图**13-16**所示。

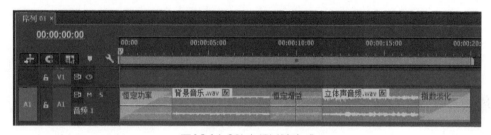

图13-16 3种音频过渡方式

2. 音频过渡与音量关键帧的对比

添加音频过渡是一种快速调整入点或出点位置音量的方法，也可以通过为音频的"音量"效果设置关键帧来达到与过渡一样的音量变化。例如这里参照音频过渡的时间，在"效果控件"面板中为这两段音频素材的"音量"效果添加"级别"的关键帧，如图**13-17**所示。

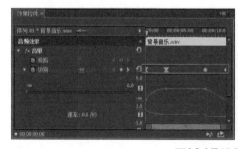

图13-17 设置音量关键帧

在时间轴显示出音频的关键帧，根据过渡时音量的曲线或直线变化，用"音量"关键帧达到过渡相同的效果，其中贝塞尔曲线关键帧的调节方法与本书第5课中的关键帧设置相同，如图13-18所示。

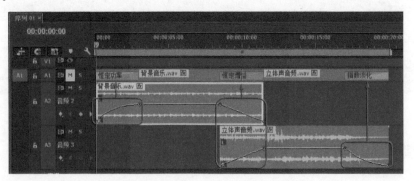

图13-18 音频过渡与音量关键帧曲线的对比

13.6　实例：视音频实例

本实例对一个已有的视音频短片进行改编，对其中的音频进行分离和修剪，然后根据音乐重新安排视频画面，效果如图13-19所示。

图13-19 实例效果

本例的制作讲解请参见本教程光盘中的详细文档教案与视频讲解。

13.7　小结与课后练习

本课对音频编辑进行了集中的讲解。其中了解常用的几种音频格式和3种声道类型；讲解对声道和音量的调整操作，掌握最佳化音量的操作方法；对音频的声道操作进行讲解，包括拆分单声道、修改音频为其他声道类型、提取音频等；讲解视音频的链接和分离的操作，对比音频的3种过渡；并在最后对一个视音频短片按剪辑的音乐重新编辑画面。

课后练习说明

按实例的视音频素材，新建项目和序列，将音乐剪辑为不同的长度，然后对画面按自己的方式进行重新编辑。对于音乐素材在将其导入后先提取音频，再重新解释视频的帧速率，避免出现音频声调的变化。

认识各组视频效果

知识点：

1. 扭曲组效果介绍；
2. 生成组效果介绍；
3. 透视组效果介绍；
4. 风格化组效果介绍；
5. 其他多组效果介绍。

在Premiere Pro CC中有十多个分类视频效果组，在每个效果组之中包括有几个至十几个数量不等的效果。这些视频效果为Premiere Pro CC制作精彩画面提供了众多选择。这里将对Premiere Pro CC的视频效果作一个综述，方便学习者对视频效果有一个整体的认识。

14.1 扭曲组

Warp Stabilizer：变形稳定器效果，可以自动对拍摄中产生抖动的素材进行稳定修复，请参见Lesson9的详解内容。

位移效果：位移效果在剪辑内移动图像。脱离图像一侧的视觉信息会在对面出现。

变换效果：变换效果将二维几何变换应用于剪辑。如果要在渲染其他标准效果之前渲染剪辑锚点、位置、缩放或不透明度设置，则需应用变换效果，而不要使用剪辑固定效果。"锚点""位置""旋转""缩放"以及"不透明度"属性的功能非常类似于固定效果。

弯曲效果（仅限Windows）：弯曲效果产生在剪辑中横向和纵向均可移动的波形外观，从而扭曲剪辑。可以产生各种大小和速率的大量不同波形。

放大效果：放大效果扩大图像的整体或一部分。此效果的作用类似于在图像某区域放置放大镜，或也可将其用于在保持分辨率的情况下使整个图像放大远远超出100%。

旋转效果：旋转效果通过围绕剪辑中心旋转剪辑来扭曲图像。图像在中心的扭曲程度大于边缘的扭曲程度，在极端设置下会造成旋涡结果。

波形变形效果：波形变形效果产生在图像中移动的波形外观。可以产生各种不同的波形形状，包括正方形、圆形和正弦波。波形变形效果横跨整个时间范围以恒定速度自动动画化（没有关键帧）。要改变速度，则需要设置关键帧。

球面化效果：球面化效果通过将图像区域包裹到球面上来扭曲图层。

紊乱置换效果：紊乱置换效果使用不规则杂色在图像中创建紊乱扭曲。例如，将其用于创建流水、哈哈镜和飞舞的旗帜。

边角定位效果：边角定位效果通过更改每个角的位置来扭曲图像。使用此效果可以拉伸、收缩、倾斜或扭曲图像，或用于模拟沿剪辑边缘旋转的透视或运动（如开门）。在"效果控件"面板中单击"边角定位"名称时，可以在节目监视器中直接操控边角定位效果属性，拖动四个角可以调整这些属性。

镜像效果：镜像效果沿一条线拆分图像，然后将一侧反射到另一侧。

镜头扭曲效果（仅限Windows）：镜头扭曲效果模拟透过扭曲镜头查看剪辑。

一组扭曲组效果，如图14-1所示。

图14-1 原画面及镜像、边角定位、旋转效果

14.2 生成组

书写效果：书写效果可以将剪辑上的描边动画化。例如，可以模拟草体文字或签名的手写动作。

单元格图案效果：单元格图案效果生成基于单元格杂色的单元格图案。使用此效果可以创建静态或移动的背景纹理和图案，该图案可以依次用作纹理遮罩、过渡映射或置换映射源。

吸管填充效果：吸管填充效果将采样的颜色应用于源剪辑。此效果可用于从原始剪辑上的采样点快速挑选纯色，或从一个剪辑挑选颜色值，然后使用混合模式将此颜色应用于第2个剪辑。

四色渐变效果：四色渐变效果可产生四色渐变。通过4个效果点、位置和颜色（可以使用"位置和颜色"控件进行动画化）来定义渐变。渐变包括混合在一起的4个纯色环，每个环都有一个效果点作为其中心。

圆形效果：圆形效果创建可自定义的实心圆或环。

棋盘效果：棋盘效果创建由矩形组成的棋盘图案，其中一半是透明的。

椭圆效果：椭圆效果绘制椭圆。

油漆桶效果：油漆桶效果是使用纯色来填充区域的非破坏性油漆效果。其原理非常类似于Adobe Photoshop中的"油漆桶"工具。"油漆桶"用于给漫画类型轮廓图着色，或用于替换图像中的颜色区域。

渐变效果：渐变效果创建颜色渐变。可以创建线性渐变或径向渐变，并随时间推移而改变渐变位置和颜色。使用"渐变起点"和"渐变终点"属性可指定起始和结束位置。使用"渐变扩散"控件可使渐变颜色分散并消除色带。

网格效果：使用网格效果来创建可自定义的网格。可以在颜色遮罩中渲染此网格，或在源剪辑的Alpha通道中将此网格渲染为蒙版。此效果有利于生成可应用其他效果的设计元素和遮罩。

镜头光晕效果：镜头光晕效果模拟将强光投射到摄像机镜头中时产生的折射。

闪电效果：闪电效果在剪辑的两个指定点之间创建闪电、雅各布天梯和其他电化视觉效果。闪电效果在剪辑的时间范围内自动动画化，无需使用关键帧。

一组生成组效果，如图14-2所示。

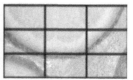

图14-2 原画面及棋盘、四色渐变、网格效果

14.3　透视组

基本3D效果：基本3D效果在3D空间中操控剪辑。可以围绕水平和垂直轴旋转图像，以及朝靠近或远离的方向移动它。采用基本3D还可以创建镜面高光来表现由旋转表面反射的光感。镜面高光的光源总是在观看者的上方、后方或左侧。由于光来自上方，因此必须向后倾斜图像以便看见此反射。镜面高光可以增强3D外观的真实感。

投影效果：投影效果添加出现在剪辑后面的阴影。投影的形状取决于剪辑的Alpha通道。将投影添加到剪辑中时，剪辑后面将会出现剪辑Alpha通道的柔和边缘轮廓，犹如阴影投射在背景或底层对象上。与大多数的其他效果不同，投影可以在剪辑的范围（剪辑源的尺寸）之外创建阴影。

放射阴影效果：放射阴影效果在应用此效果的剪辑上创建来自点光源的阴影，而不是来自无限光源的阴影（如同投影效果）。此阴影是从源剪辑的Alpha通道投射的，因此在光透过半透明区域时，该剪辑的颜色可以影响阴影的颜色。

斜角边效果：斜角边效果为图像边缘提供凿刻和光亮的3D外观。边缘位置取决于源图像的Alpha通道。与"斜面Alpha"不同，在此效果中创建的边缘始终为矩形，因此具有非矩形Alpha通道的图像无法形成的适当外观。所有边缘具有同样的厚度。

斜面Alpha效果：斜面Alpha效果将斜缘和光添加到图像的Alpha边界，通常可以为2D元素呈现3D外观。如果剪辑没有Alpha通道，或剪辑是完全不透明的，则此效果将应用于剪辑的边缘。此效果所创建的边缘比斜角边效果创建的边缘柔和。此效果适用于包含Alpha通道的文本。

一组透视组效果，如图14-3所示。

图14-3 原文字及基本3D、斜面Alpha、投影效果

14.4 风格化组

Alpha发光效果： **Alpha发光效果**在蒙版Alpha通道的边缘周围添加颜色。可以让单一颜色在远离边缘时淡出或变成另一种颜色。

复制效果： 复制效果将屏幕分成多个平铺并在每个平铺中显示整个图像。可以通过拖动滑块来设置每个列和行的平铺数。

彩色浮雕效果： 彩色浮雕效果与浮雕效果的原理相似，但不抑制图像的原始颜色。

曝光过度效果： 曝光过度效果可以创建负像和正像之间的混合，使图像看起来有光晕。此效果类似于冲印在显影过程中短暂曝光。

查找边缘效果： 查找边缘效果识别有明显过渡的图像区域并突出边缘。边缘在白色背景上显示为暗线，或在黑色背景上显示为彩色线。如果应用查找边缘效果，图像通常看起来像草图或原图的底片。

浮雕效果： 浮雕效果可以锐化图像中的对象的边缘并抑制颜色，此效果从指定的角度使边缘产生高光。

画笔描边效果： 画笔描边效果对图像应用粗糙的绘画外观。也可以使用此效果实现点彩画样式，方法是将画笔描边的长度设置为"0"并且增加描边浓度。即使指定描边的方向，描边也会通过少量随机散布的方式产生更自然的结果。此效果可以改变**Alpha**通道以及颜色通道。如果已经蒙住图像的一部分，画笔描边将在蒙版边缘上方绘制。

粗糙边缘效果： 粗糙边缘效果通过使用计算方法使剪辑Alpha通道的边缘变粗糙。此效果为栅格化文字或图形提供自然粗糙的外观，犹如受过浸蚀的金属或打字机打出的文字。

纹理化效果： 纹理化效果为剪辑提供其他剪辑的纹理的外观。例如，可以使树的图像显示出砖块纹理，并且可以控制纹理深度以及明显光源。

阈值效果： 阈值效果将灰度图像或彩色图像转换成高对比度的黑白图像。指定明亮度级别作为阈值；所有与阈值亮度相同或比阈值亮度更高的像素将转换为白色，而所有比其更暗的像素则转换为黑色。

闪光灯效果： 闪光灯效果对剪辑执行算术运算，或使剪辑在定期或随机间隔透明。例如，每5秒钟，剪辑可变为完全透明达十分之一秒，或者剪辑的颜色能够以随机间隔反转。

马赛克效果： 马赛克效果使用纯色矩形填充剪辑，使原始图像像素化。此效果可以用于模拟低分辨率显示以及用于遮蔽面部，也可以针对过渡来动画化此效果。

一组风格化组效果，如图**14-4**所示。

图14-4 原画面及马赛克、画笔描边、查找边缘效果

14.5 其他组

1. 变换组

垂直定格效果（仅限Windows）：垂直定格效果向上滚动剪辑，此效果类似于在电视机上调整垂直定格。关键帧无法应用于此效果。

垂直翻转效果：垂直翻转效果使剪辑从上到下翻转。关键帧无法应用于此效果。

摄像机视图效果（仅限Windows）：摄像机视图效果模拟摄像机从不同角度查看剪辑，从而使剪辑扭曲。通过控制摄像机的位置可以扭曲剪辑的形状。

水平定格效果（仅限Windows）：水平定格效果向左或向右倾斜帧，此效果类似于电视机上的水平定格设置。拖动滑块可以控制剪辑的倾斜度。

水平翻转效果：水平翻转效果将剪辑中的每个帧从左到右反转，但是剪辑仍然正向播放。

羽化边缘效果：羽化边缘效果可用于在所有的4个边上创建柔和的黑边框，从而在剪辑中让视频出现羽化边缘。通过输入"数量"值可以控制边框宽度。

裁剪效果：裁剪效果从剪辑的边缘修剪像素。通过上、下、左、右属性指定要修剪图像的百分比。

2. 杂色与颗粒组

中间值效果：中间值效果将每个像素替换为另一个像素，此像素具有指定半径的邻近像素的中间颜色值。当"半径"值较低时，此效果可用于减少某些类型的杂色。在"半径"值较高时，此效果为图像提供绘画风格的外观。

杂色效果：杂色效果随机更改整个图像中的像素值。

杂色Alpha效果：杂色Alpha效果将杂色添加到Alpha通道。

杂色HLS效果：杂色HLS效果在使用静止或移动源素材的剪辑中生成静态杂色。

杂色HLS自动效果：杂色HLS自动效果自动创建动画化的杂色。杂色HLS与杂色HLS自动效果这两种效果都提供各种类型的杂色，这些类型的杂色可以添加到剪辑的色相、饱和度或亮度。除用于确定杂色动画的最后一个控件外，这两种效果的控件是相同的。

蒙尘与划痕效果：蒙尘与划痕效果将位于指定半径之内的不同像素更改为更类似于邻近的像素，从而减少杂色和瑕疵。为了实现图像锐度与隐藏瑕疵之间的平衡，可以尝试不同组合的半径和阈值设置。

3. 模糊与锐化组

复合模糊效果：复合模糊效果根据控制剪辑（也称为模糊图层或模糊图）的明亮度值使像素变模糊。默认情况下，模糊图层中的亮值对应于效果剪辑的较多模糊。暗值对应于较少模糊。对亮值选择"反转模糊"可以对应于较少模糊。此效果可以用于模拟涂抹和指纹。此外，还可以模拟由烟或热所引起的可见性变化，特别是可用于动画模糊图层。

快速模糊效果："快速模糊"接近于"高斯模糊"，但是"快速模糊"能使大型区域快速变模糊。

方向模糊效果：方向模糊效果为剪辑提供运动幻影。

消除锯齿效果（仅限Windows）：消除锯齿效果在高度对比度颜色区域之间混合边缘。混合后，颜色形成中间阴影，使得暗区和亮区之间的过渡看起来具有更加渐变的效果。

相机模糊效果（仅限Windows）：相机模糊效果模拟离开摄像机焦点范围的图像，使剪辑变模糊。例如，通过为模糊设置关键帧，可以模拟主体进入或离开焦点或与摄像机意外撞击。拖动滑块可为选定关键帧指定模糊量；较高的值会增强模糊。

通道模糊效果：通道模糊效果使剪辑的红色、绿色、蓝色或Alpha通道各自变模糊。可以指定模糊是水平、垂直还是两者都有。"重复边缘像素"使超出剪辑边缘的像素变模糊，使它们好像与边缘像素有同样的值。此效果保持边缘锐利，防止边缘变暗或变得更透明。取消选择此选项可以使模糊算法的作用类似于超出剪辑边缘的像素值为零时的作用。

重影效果（仅限Windows）：重影效果在当前帧上叠加前面紧接的帧的透明度。此效果非常有用，如果要显示移动物体（如弹力球）的运动路径，就可以使用此效果。关键帧无法应用于此效果。

锐化效果：锐化效果增加颜色变化位置的对比度。

非锐化遮罩效果：非锐化遮罩效果增加定义边缘的颜色之间的对比度。

高斯模糊效果：高斯模糊效果可以模糊和柔化图像并消除杂色。可以指定模糊是水平、垂直还是两者都有。

几种不同效果，如图14-5所示。

图14-5 原画面及水平翻转、杂色、方向模糊效果

4. 实用程序组

Cineon转换器效果：Cineon转换器效果提供针对Cineon帧的颜色转换的高度控制。要使用Cineon转换器效果，需要导入Cineon文件并将剪辑添加到序列中。随后可以将Cineon转换器效果应用于剪辑，并精确调整颜色，同时在节目监视器中交互式查看结果。

5. 视频组

剪辑名称：将文件名称、序列名称或项目名称显示到视频素材的画面上，并进行标注。

时间码效果：时间码效果在视频上叠加时间码显示，可以简化场景的精确定位以及与团队成员及客户之间的合作。时间码显示指明剪辑是逐行的还是隔行扫描的。如果剪辑是隔行扫描视频，该符号将指明帧是高场还是低场。在时间码效果中的设置可以控制显示位置、大小和不透明度以及格式和源选项。

6. 过渡组

过渡效果可以用于为添加的控件代替过渡。为了获得过渡效果的外观，需要在不同视频轨道上重叠剪辑，将效果添加到重叠的剪辑中。设置"动画完成"参数可以使效果渐变为过渡效果。在过渡组中有块溶解、径向擦除、百叶窗、线性擦除几个效果。

7. 通道组

反转效果：反转（视频）效果反转图像的颜色信息。

复合运算效果：复合运算效果以数学方式合并应用此效果的剪辑和控制图层。复合运算效果的作用仅仅是提供兼容性，用于兼容在**After Effects**早期版本中创建的使用复合运算效果的项目。

混合效果：混合效果使用5个模式之一混合两个剪辑。使用此效果混合剪辑之后，则不能从"与图层混合"菜单中选择的剪辑。选择此剪辑并选择"剪辑>启用"，与图层混合要与之混合的剪辑（辅助图层或控制图层）。

算术效果：算术效果对图像的红色、绿色和蓝色通道执行各种简单的数学运算。

纯色合成效果：通过纯色合成效果可以在原始源剪辑后面快速创建纯色合成。可以控制源剪辑的不透明度，控制纯色的不透明度，并全部在效果控件内应用混合模式。

计算效果：计算效果将一个剪辑的通道与另一个剪辑的通道相结合。

设置遮罩效果：设置遮罩效果将剪辑的**Alpha**通道（遮罩）替换成另一视频轨道的剪辑中的通道，这将会创建移动遮罩效果。

几种不同的效果如图**14-6**所示。

图14-6 Cineon转换器、时间码、百叶窗和反转效果

8. 其他效果组

此外还有时间、图像控制、调整、颜色校正和键控这几组效果。时间组效果将在**Lesson17**中进行介绍；图像控制、调整、颜色校正组将在**Lesson15**中进行介绍；键控组将在**Lesson16**中进行介绍。

14.6　实例：美丽的地球

本实例使用了几个贴图文件，在Premiere Pro CC中从不同效果组中选择效果，设置和制作地球的动画效果。熟悉多种效果的使用，在Premiere Pro CC进行一些力所能及的效果应用和动画包装，可以使制作更加高效、精彩。其中所需图像素材的画面如图14-7所示。

图14-7 素材画面

实例效果如图14-8所示。

图14-8 实例效果

本例的制作讲解请参见本教程光盘中的详细文档教案与视频讲解。

14.7　小结与课后练习

本课对Premiere Pro CC中的视频效果进行分组式的简要介绍，了解各组视频效果，对其能有大致的印象，在制作中能有方向性地去查找和选择所需效果。

课后练习说明

对照分组的效果介绍，理解并试用各类效果，多加深对效果的印象。

调色效果

对影片的画面调色，通常是一些影片制作中的一个必需环节。如果一个影片的内容、声音和剪辑都很到位，但是在画面的视觉效果上一般，对整体效果就会大打折扣。而视觉效果不仅需要拍摄的素材或者制作的图文动画精彩，还有一个重要的因素就是画面的色彩风格，影片画面的调色对因素视觉效果的表现不可或缺。

调色一方面有对素材画面本身的颜色缺陷有校正的作用，例如校正画面的亮度、对比度、偏色，另一方面可以改变素材画面的颜色而改变素材的用途，例如为了配合影片内容而将夏天的树叶、草地等环境画面调整

为秋天的色调。此外还可以将整个影片调整出与影片信息表达相符的统一色调，例如温暖的色调或者旧电影的偏色风格。

15.1 简单的自动调色效果

在Premiere Pro CC中有众多的调色效果，分别位于"效果"面板中"视频效果"下的3个效果组中，分别为"图像控制""调整"和"颜色校正"，可以用来完成常规的调色需求。在进行专门的调色制作中，可以选择菜单"窗口>工作区>颜色校正"，以使用调色的工作区布局，方便调色效果的设置，在完成调色后再切换回"编辑"的工作区布局。

在Premiere Pro CC中有几个简单实用的调色效果，包含有对素材画面的对比度、亮度和颜色进行自动校正的"自动对比度""自动色阶"和"自动颜色"效果，位于"视频效果"的"调整"组之下。在室内拍摄时，由于不同的时间、不同的房间环境及灯光的影响等因素，会导致色温也有所变化，如果没有及时调整拍摄器材，拍摄的画面会有偏色的现象，对其简单调整的一种方

法是使用自动颜色效果。例如在时间轴中放置一个画面看上去较暗并且部分偏色的视频素材，为其分别添加这3种自动的校正效果，如图15-1所示。

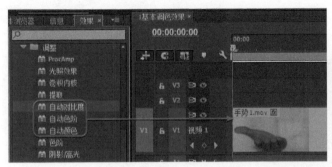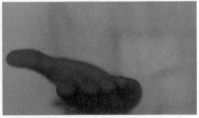

图15-1 准备将这三种自动效果添加到视频片段上

以下分别为"自动对比度""自动色阶"和"自动颜色"的效果，另外，当一种效果不满意时也可以同时应用不同的效果。三种自动校正效果如图15-2所示。

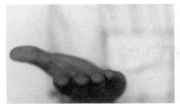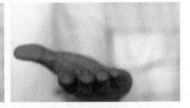

图15-2 3种自动效果

15.2 快速颜色校正器

Premiere Pro CC中的调色效果众多，对于没有特殊要求的画面，可以先尝试"快速颜色校正器"效果，其包含常用调色的多项属性设置，操作上也比较直观快捷。例如快速使用色相和饱和度控件来调整剪辑的颜色。此效果也有色阶控件，用于调整图像阴影、中间调和高光的强度。

1. 快速颜色校正器属性介绍

输出：允许在节目监视器中查看调整的最终结果（复合）、色调值调整（亮度）或 Alpha 遮罩（蒙版）的显示。

显示拆分视图：将图像的左边或上边部分显示为校正视图，而将图像的右边或下边部分显示为未校正视图。

布局：确定"拆分视图"图像是并排（水平）还是上下（垂直）布局。

拆分视图百分比：调整校正视图的大小。默认值为50%。

白平衡：通过使用吸管工具来采样图像中的目标颜色或监视器桌面上的任意位置，将白平衡分配给图像。也可以单击色板打开拾色器，然后选择颜色来定义白平衡。

色相平衡和角度：使用色轮控制色相平衡和色相角度。小圆形围绕色轮中心移动，并控制色

相 (UV) 转换。这将会改变平衡数量级和平衡角度。小垂线可以设置控件的相对精度，而此控件控制平衡增益。

色相角度： 控制色相旋转。默认值为0。负值向左旋转色轮，正值则向右旋转色轮。

平衡数量级： 控制由"平衡角度"确定的颜色平衡校正量。

平衡增益： 通过乘法调整亮度值，使较亮的像素受到的影响大于较暗的像素受到的影响。

平衡角度： 控制所需的色相值的选择范围。

饱和度： 调整图像的颜色饱和度。默认值为100，表示不影响颜色。小于100 的值表示降低饱和度，而0表示完全移除颜色。大于100 的值将产生饱和度更高的颜色。

自动黑色阶： 提升剪辑中的黑色阶，使最黑的色阶高于7.5 IRE (NTSC) 或0.3v (PAL)。阴影的一部分会被剪切，而中间像素值将按比例重新分布。因此，使用自动黑色阶会使图像中的阴影变亮。

自动对比度： 同时应用自动黑色阶和自动白色阶。"自动对比度"将使高光变暗而阴影部分变亮。

自动白色阶： 降低剪辑中的白色阶，使最亮的色阶不超过100 IRE (NTSC) 或1.0v (PAL)。高光的一部分会被剪切，而中间像素值将按比例重新分布。因此，使用自动白色阶会使图像中的高光变暗。

黑色阶、灰色阶、白色阶： 使用不同的吸管工具来采样图像中的目标颜色或监视器桌面上的任意位置，以设置最暗阴影、中间调灰色和最亮高光的色阶。也可以单击色板打开拾色器，然后选择颜色来定义黑色、中间调灰色和白色。

输入色阶： 通过外面的两个输入色阶滑块设置将黑场和白场映射到输出滑块。中间输入滑块用于调整图像中的灰度系数。此滑块移动中间调并更改灰色调的中间范围的强度值，但不会明显改变高光和阴影。

输出色阶： 将黑场和和白场输入色阶滑块映射到指定值。默认情况下，输出滑块分别位于色阶0（此时阴影是全黑的）和色阶255（此时高光是全白的）。因此，在输出滑块的默认位置，移动黑色输入滑块会将阴影值映射到色阶0，而移动白场滑块会将高光值映射到色阶255。其余色阶将在色阶0~255重新分布。这种重新分布将会减小图像的色调范围，实际上也是降低图像的总体对比度。

输入黑色阶、输入灰色阶、输入白色阶： 调整高光、中间调或阴影的黑场、中间调和白场输入色阶。

输出黑色阶、输出白色阶： 调整输入黑色对应的映射输出色阶以及高光、中间调或阴影对应的输入白色阶。

2. 快速颜色校正器操作演示

例如这里在"颜色校正"下将"快速颜色校正器"拖至时间轴的一个素材片段上，在"效果控件"中可以通过调整色轮，将画面调整为部分偏绿的色调，如图15-3所示。

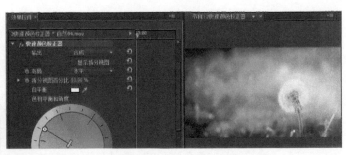

图15-3 原视频画面及添加快速颜色校正器调色

简单地调整色轮或其他属性即可得到不同颜色的画面风格，如图15-4所示。

图15-4 使用快速颜色校正器调整的几种画面效果

15.3 三相颜色校正器

相比"快速颜色校正器"效果，"三向颜色校正器"效果可以对素材画面进行更精细地颜色调整，其设置项也较多，调色的操作更具灵活性。"三向颜色校正器"效果可以针对阴影、中间调和高光调整剪辑的色相、饱和度和亮度进行精细校正。通过使用"辅助颜色校正"控件指定要校正的颜色范围，可以进一步精细调整。

1. 三向颜色校正器属性介绍

输出：允许在节目监视器中查看调整的最终结果（复合）、色调值调整（亮度）、Alpha遮罩（蒙版）的显示或阴影、中间调和高光的三色调表示（色调范围）。

显示拆分视图：将图像的一部分显示为校正视图，而将其他图像的另一部分显示为未校正视图。

布局：确定"拆分视图"图像是并排（水平）还是上下（垂直）布局。

拆分视图百分比：调整校正视图的大小。默认值为**50%**。

黑平衡、灰平衡、白平衡：将黑色、中间调灰色或白平衡分配给剪辑。使用不同的吸管工具在图像中采样目标色彩，或从拾色器中选择颜色。

色调范围定义：定义剪辑中的阴影、中间调和高光的色调范围。拖动方形滑块可以调整阈值。拖动三角形滑块可以调整柔和度（羽化）的程度。

提示　　在调整"色调范围定义"控件时，从"输出"菜单中选择"色调范围"可以查看高光、中间调和阴影。

阴影阈值、阴影柔和度、高光阈值、高光柔和度：确定剪辑中的阴影、中间调和高光的阈值和柔和度。可以输入数值，或单击选项名称旁边的三角形并拖动滑块。

色调范围：选择通过"色相角度""平衡数量级""平衡增益""平衡角度""饱和度"以及"色阶"控件调整的色调范围。默认为"高光"。菜单中的其他选项包括"主版""阴影"和"中间调"。

提示　　即使从"色调范围"菜单中选择后，仍然可以使用3个色轮调整所有的3个色调范围。

三向色相平衡和角度使用对应于阴影（左轮）、中间调（中轮）和高光（右轮）的3个色轮来控制色相和饱和度调整。从"色调范围"菜单中选择"主版"时，将出现单个主轮。一个圆形缩略图围绕色轮中心移动，并控制色相(UV)转换。缩略图上的垂直手柄控制平衡数量级，而平衡数量级将影响控件的相对粗细度。色轮的外环控制色相旋转。

三向色相平衡和角度色轮：高光/中间调/阴影色相角度控制高光、中间调或阴影中的色相旋转。默认值为0，负值向左旋转色轮，正值则向右旋转色轮。

高光/中间调/阴影平衡数量级：控制由"平衡角度"确定的颜色平衡校正量。可对高光、中间调和阴影应用调整。

高光/中间调/阴影平衡增益：通过乘法调整亮度值，使较亮的像素受到的影响大于较暗的像素受到的影响。可对高光、中间调和阴影应用调整。

高光/中间调/阴影平衡角度：控制高光、中间调或阴影中的色相转换。

高光/中间调/阴影饱和度：调整高光、中间调或阴影中的颜色饱和度。默认值为100，表示不影响颜色。小于100的值表示降低饱和度，而0表示完全移除颜色。大于100的值将产生饱和度更高的颜色。

自动黑色阶：提升剪辑中的黑色阶，使最黑的色阶高于7.5IRE。阴影的一部分会被剪切，而中间像素值将按比例重新分布。因此，使用自动黑色阶会使图像中的阴影变亮。

自动对比度：同时应用自动黑色阶和自动白色阶将使高光变暗而阴影部分变亮。

自动白色阶：降低剪辑中的白色阶，使最亮的色阶不超过100IRE。高光的一部分会被剪切，而中间像素值将按比例重新分布。因此，使用自动白色阶会使图像中的高光变暗。

黑色阶、灰色阶、白色阶：使用不同的吸管工具来采样图像中的目标颜色或监视器桌面上的任意位置，以设置最暗阴影、中间调灰色和最亮高光的色阶。也可以单击色板打开拾色器，然后选择颜色来定义黑色、中间调灰色和白色。

输入色阶：通过外面的两个输入色阶滑块设置将黑场和白场映射到输出滑块。中间输入滑块用于调整图像中的灰度系数。此滑块移动中间调并更改灰色调的中间范围的强度值，但不会明显改变高光和阴影。

输入色阶滑块：输出色阶将黑场和和白场输入色阶滑块映射到指定值。默认情况下，输出滑块分别位于色阶0（此时阴影是全黑的）和色阶255（此时高光是全白的）。因此，在输出滑块的默认位置，移动黑色输入滑块会将阴影值映射到色阶0，而移动白场滑块会将高光值映射到色阶255。其余色阶将在色阶0~255重新分布。这种重新分布将会增大图像的色调范围，实际上也是提高图像的总体对比度。

输出色阶滑块：输入黑色阶、输入灰色阶、输入白色阶调整高光、中间调或阴影的黑场、中间调和白场输入色阶。

输出黑色阶、输出白色阶：调整输入黑色对应的映射输出色阶以及高光、中间调或阴影对应的输入白色阶。

辅助颜色校正：指定由效果校正的颜色范围。可以通过色相、饱和度和明亮度定义颜色。单击三角形可以访问控件。

提示　从"输出"菜单中选择"蒙版"，可以查看定义颜色范围时选择的图像区域。

中心：在指定的范围中定义中心颜色。选择吸管工具，然后在屏幕上单击任意位置以指定颜色，此颜色会显示在色板中。使用"+"吸管工具扩大颜色范围，使用"-"吸管工具减小颜色范围。也可以单击色板来打开拾色器，然后选择中心颜色。

色相、饱和度和亮度：根据色相、饱和度或明亮度指定要校正的颜色范围。单击选项名称旁边的三角形可以访问阈值和柔和度（羽化）控件，用于定义色相、饱和度或明亮度范围。

柔化：使指定区域的边界模糊，从而使校正在更大程度上与原始图像混合。较高的值会增加柔和度。

边缘细化：使指定区域有更清晰的边界，使校正效果变得更明显。较高的值会增加指定区域的边缘清晰度。

反转限制颜色：校正所有颜色，使用"辅助颜色校正"设置指定的颜色范围除外。

2. 三向颜色校正器操作演示

这里在"颜色校正"下将"三向颜色校正器"拖至时间轴的一个素材片段上，在"效果控件"中可以通过"阴影""中间调"或"高光"的色轮及相关属性调整画面色彩，其中"高光"部分通常作较小调整，如图15-5所示。

图15-5 原图像及使用三向颜色校正器调色

以下为使用"三向颜色校正器"效果调整出不同的色调,如图15-6所示。

图15-6 使用三向颜色校正器调整的几种调色效果

15.4　改变指定颜色

在调色制作中经常需要改变指定部分的指定颜色,将画面中的某种颜色改变为另一种颜色,而不是将整个画面变色。在Premiere Pro CC中的众多调色效果具有这个功能,其中有两个专用的效果"更改颜色"和"更改为颜色",其属性设置相对较少且易用,在处理这类情况时可以首选尝试。

1. "更改颜色"效果操作演示

这里在"颜色校正"下将"更改颜色"拖至时间轴的一个素材片段上,在"效果控件"中使用"要更改的颜色"右侧的颜色吸管在要改变的颜色上吸取颜色,然后调整"色相变换"属性的数值,并选择合适的"匹配颜色"方式,这样就可以很容易地将所吸取的颜色改变为其他所需要的颜色,同时对画面中的其他颜色不产生影响,如图15-7所示。

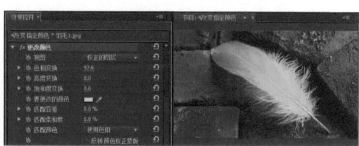

图15-7 原图及使用"更改颜色"效果调色

2. "更改为颜色"效果操作演示

在"颜色校正"下再将"更改为颜色"拖至时间轴的一个素材片段上，在"效果控件"中使用"自"右侧的颜色吸管在要改变的颜色上吸取颜色，在"至"右侧指定一个改变后的颜色，然后调整"色相"属性的数值，并在"更改"后选择一个合适的方式，这样就可以将某种颜色或似类颜色改变为指定的颜色，同时避免了对画面中其他颜色的影响。例如这里将原来画面中的蓝色和绿色改变为红色，如图15-8所示。

图15-8 原图及使用"更改为颜色"效果调色

15.5 为画面添加冷暖影片色调

在Premiere Pro CC中预设了4组Lumetri Looks效果组，其中某些效果可以重复添加以得到更加明显的效果，而相反的有些效果过于明显，可以将素材片段复制一份并将其叠加在上层轨道中，为上层轨道中的素材片段添加调色效果，并根据效果的强弱适量减少上层素材片段的叠加透明度即可。Lumetri Looks效果组效果如图15-9所示。

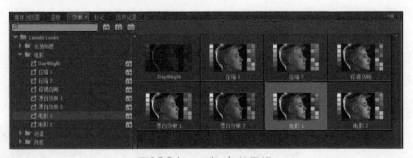

图15-9 Lumetri Looks效果组

以下分别添加"去饱和度"下的"最大去饱和度"和"色温"下的"整体暖色"以及"风格"下的"梦想"，如图15-10所示。

图15-10 原图及添加几种Lumetri Looks效果

以下分别添加"电影"下的"电影1""Day4Night"和"棕褐乌贼",如图15-11所示。

图15-11 原图及添加几种Lumetri Looks效果

15.6 实例：校正颜色实例

本例将使用一段视频和音频素材，对视频素材通过调整不同颜色的方法，重复叠加应用，进行效果包装处理，根据音乐将10秒的画面制作出20秒的精彩片花。这里并没有使用变速或倒放，而是通过剪辑、添加过渡和关键的调色应用。实例效果如图15-12所示。

图15-12 实例效果

本例的制作讲解请参见本教程光盘中的详细文档教案与视频讲解。

15.7 小结与课后练习

本课对调色效果进行集中讲解，其中包括3个简单的自动调色效果；常用的快速颜色校正器效果的介绍和演示；三相颜色校正器效果的介绍和演示；改变指定颜色常用的两个效果：更改颜色效果和更改为颜色效果，以及使用Lumetri Looks效果预设为画面添加冷暖影片色调的效果。对于调色效果的使用，一方面需要了解基础的色彩理论，另一方面需要多加实践。

课后练习说明

按自己的调色方式，使用不同的调色效果对实例的画面进行调色，例如可以使用更改颜色、更改为颜色、三向颜色校正器或Lumetri Looks效果预设进行调色。

键控
效果

知识点：

1. 蓝屏键的使用；

2. 色度键的使用；

3. 超级键的使用；

4. 轨道遮罩键的使用；

5. 其他键控演示。

键控，英文称作Key，意思是吸取画面中的某一种颜色作为透明色，画面中所包含的这种透明色将被清除，从而使位于该画面之下的背景画面显现出来，这样就形成了两层画面的叠加合成。通过这样的方式，单独拍摄的角色经键控后可以与各种景物叠加在一起，由此形成丰富而神奇的艺术效果。

键控也被称作"抠像"，将一个画面的一部分抠掉并显示另一画面的效果。在早期的电视制作中，键控技术需要用昂贵的硬件来支持，而且对拍摄背景要求很严格，通常是在高饱和度的蓝色或绿色背景下拍摄，同时对光线的要求也很严格。目前，各种非线

性编辑软件与合成软件都能制作键控特技，并且对背景的颜色种类要求也比较宽松，在 **Premiere Pro CC**中就有多种键控效果，可以对多种颜色进行键控制作，抠除背景以合成新画面。

16.1　蓝屏键

蓝屏键效果基于真色度蓝色创建透明度，使用此效果可以在创建合成时抠出明亮的蓝屏。

1. 蓝屏键属性介绍

阈值：设置用于确定剪辑中的透明区域的蓝色阶。向左拖动滑块可以增加透明度的值。在拖动"阈值"滑块时，使用"仅蒙版"选项可查看黑色（透明）区域。

屏蔽度：设置由"阈值"设置指定的不透明区域的不透明度。向右拖动"屏蔽度"滑块可以增加不透明度。在拖动"屏蔽度"滑块时，使用"仅蒙版"选项可查看白色（不透明）区域。

平滑：指定应用于透明和不透明区域之间边界的消除锯齿（柔化）量。选择"无"可以产生锐化边缘，没有消除锯齿功能。在

需要保持锐化线条（如字幕中的线条）时此选项很有用。选择"低"或"高"可以产生不同的平滑量。

　　仅蒙版：仅显示剪辑的 **Alpha** 通道。黑色表示透明区域，白色表示不透明区域，而灰色表示部分透明区域。

2. 蓝屏键操作演示

　　这里在时间轴中放置一个蓝屏的素材和一个合成的场景图像，准备进行键控操作，键控出蓝色背景，将上层轨道的内容合成到下层轨道的场景图像中，如图**16-1**所示。

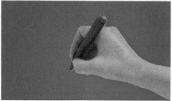

图16-1 在轨道中放置素材

　　从"视频效果"的"键控"下将"蓝屏键"拖至时间轴的蓝屏素材上，可以看到蓝色背景被键控出来，如图**16-2**所示。

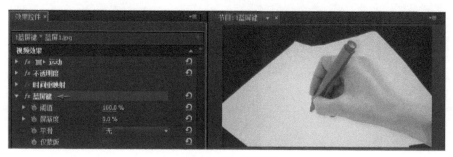

图16-2 添加蓝屏键

　　当前效果还不够完善，勾选"仅蒙版"选项就可以从蒙版的状态中看出，在蒙版中有一层灰白色的颜色，这表明周边还有未键出干净的颜色，而主体的手则有部分受到效果影响，变成半透明的状态，如图**16-3**所示。

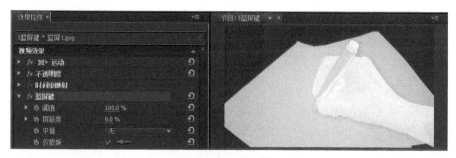

图16-3 查看蒙版效果

暂时关闭底层轨道的显示，调整键控属性，根据蒙版"白实、黑透、灰半透"的特征，使画面中主体的手和笔为完全的白色，其他部分为完全的黑色，如图**16-4**所示。

图16-4 调整蒙版

最后取消"仅蒙版"的勾选，恢复底轨道中场景图像的显示，这样就得到了较好的键控效果，如图**16-5**所示。

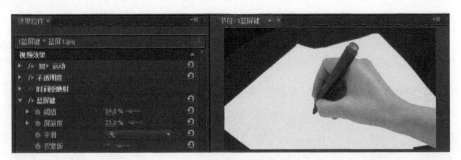

图16-5 查看键控效果

16.2　色度键

通过色度键效果可以抠出所有类似于指定的主要颜色的图像像素。在抠出剪辑中的颜色值时，该颜色或颜色范围将变得对整个剪辑透明。可以通过调整容差级别来控制透明颜色的范围。也可以对透明区域的边缘进行羽化，以便创建透明和不透明区域之间的平滑过渡。

1. 色度键属性介绍

相似性：扩大或减小将变得透明的目标颜色的范围，较高的值可以增大范围。

混合：将需要抠出的剪辑与底层剪辑进行混合。较高的值可以混合更大比例的剪辑。

阈值：控制抠出的颜色范围内的阴影量，较高的值将保留更多阴影。

屏蔽度：使阴影变暗或变亮。向右拖动可使阴影变暗，但不要拖到"阈值"滑块之外，这样可以反转灰色和透明像素。

平滑：指定应用于透明和不透明区域之间边界的消除锯齿量。消除锯齿可以混合像素，从而产生更柔化、更平滑的边缘。选择"无"可以产生锐化边缘，而没有消除锯齿功能。在需要保持锐化线条（如字幕中的线条）时，此选项很有用。选择"低"或"高"可以产生不同的平滑量。

仅蒙版：仅显示剪辑的 **Alpha** 通道。黑色表示透明区域，白色表示不透明区域，而灰色表示部分透明区域。

2. 色度键操作演示

这里在时间轴中放置一个绿幕的素材和一个便于对比查看效果的底色，准备进行键控操作，键控出绿色背景，如图**16-6**所示。

图16-6 在时间轴放置素材

从"视频效果"的"键控"下将"色度键"拖至时间轴的绿幕素材上，使用"颜色"右侧的吸管吸取背景颜色，可以看到绿色背景被键控出来，然后根据效果适当调整属性，如图**16-7**所示。

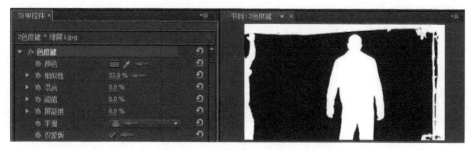

图16-7 添加色度键并调整键控效果

对于周边的其他内容，可以再添加"键控"下的"8点无用信号遮罩"效果，在"效果控件"面板中选中效果的名称，以显示出调整的顶点，用鼠标拖动顶点以排除周边的其他内容，如图**16-8**所示。

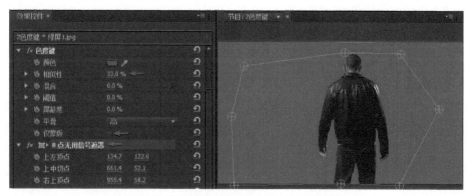

图16-8 辅助使用"8点无用信号"遮罩效果

16.3 超级键

Premiere Pro CC中的"超级键"适用于多数情况下的键控需求，能够综合应对多种键控任务。以下将对"超级键"效果的参数进行介绍。

1. 超级键属性介绍

在遮罩生成下：

透明度：在背景上键控源后，控制源的透明度。

高光：增加源图像的亮区的不透明度。可以使用"高光"提取细节，比如透明物体上的镜面高光。

阴影：增加源图像的暗区的不透明度。可以使用"阴影"来校正由于颜色溢出而变透明的黑暗元素。

容差：从背景中滤出前景图像中的颜色。增加了偏离主要颜色的容差。可以使用"容差"移除由色偏所引起的伪像，也可以使用"容差"控制肤色和暗区上的溢出。

基值：从Alpha通道中滤出通常由粒状或低光素材所引起的杂色。源图像的质量越高，"基值"可以设置得越低。

在遮罩清除下：

阻塞：缩小Alpha通道遮罩的大小。执行形态侵蚀（部分内核大小）。

柔化：使Alpha通道遮罩的边缘变模糊。执行盒形模糊滤镜（部分内核大小）。

对比度：调整Alpha通道的对比度。

中间点：选择对比度值的平衡点。

在溢出抑制下：

降低饱和度：控制颜色通道背景颜色的饱和度。降低接近完全透明的颜色的饱和度。

范围：控制校正的溢出的量。

溢出：调整溢出补偿的量。

亮度：与Alpha通道结合使用可恢复源的原始明亮度。

在颜色校正下：

饱和度：控制前景源的饱和度。设置为"0"将会移除所有色度。

色相：控制颜色的色相。

明亮度：控制前景源的明亮度。

2. 超级键操作演示

这里在时间轴中放置一个蓝幕的人物素材和一个便于对比查看效果的底色，准备进行键控操作，键控出蓝色背景，如图16-9所示。

图16-9 在时间轴放置素材

由于人物的头发边缘细小并且有空隙，使用简单的键控效果难以得到较好的效果。这里从"视频效果"的"键控"下将"超级键"拖至时间轴的蓝幕素材上，可以看到"超级键"有较强的键控能力，蓝色背景基本被键控出来，并且头发的边缘有较好的效果，然后进一步根据效果适当调整属性，如图16-10所示。

图16-10 添加超级键效果并进行设置

16.4　轨道遮罩键

可以使用轨道遮罩键移动或更改透明区域。轨道遮罩键通过一个剪辑（叠加的剪辑）显示另一个剪辑（背景剪辑），在叠加的剪辑中创建透明区域。

1. 轨道遮罩键属性介绍

遮罩：选择包含轨道遮罩剪辑的视频轨道。

合成方式：在合成方式下有Alpha遮罩和亮度遮罩选项。Alpha遮罩即使用轨道遮罩剪辑的Alpha通道值进行合成，亮度遮罩即使用轨道遮罩剪辑的明亮度值进行合成。

反向：选项以反转轨道遮罩剪辑的值。

包含运动的遮罩称为移动遮罩或运动遮罩。此遮罩包括运动素材（如绿屏轮廓），或已动画化的静止图像遮罩。可以通过将运动效果应用于遮罩来动画化静止图像。如果动画化静态图像，请考虑使遮罩帧大小大于序列帧大小，以便在动画化遮罩时使其边缘不进入视野。由于可以在跟踪遮罩键中使用视频剪辑作为遮罩，因此遮罩可能会随时间变化。

2. 轨道遮罩键操作演示

这里在时间轴中的**V1**轨道放置一段视频素材，然后使用字幕的图形制作功能制作望远镜目镜视野的遮罩图形，将其放置在视频素材上方的**V2**轨道中，如图16-11所示。

图16-11 在时间轴放置素材

从"键控"下将"轨道遮罩键"添加至视频素材，并在其"效果控件"面板中设置遮罩为视频2，即**V2**轨道中的素材，这样以**V2**轨道中的图形作为遮罩来显示视频素材的局部画面，如图16-12所示。

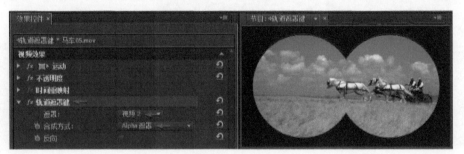

图16-12 添加轨道遮罩键并进行设置

还可以通过为遮罩图形添加模糊效果的方法，使视频素材的画面边缘显示虚化的效果，如图16-13所示。

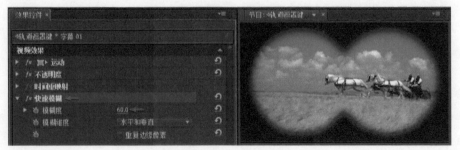

图16-13 使用模糊效果产生虚化边缘

16.5 其他键控

在Premiere Pro CC中还有一些其他键控件效果，针对不同的键控对象，可以尝试使用不同的键控效果，这样为得到一个较好的效果提供多种解决方案。例如以下分别使用其他几种不同的键控效果来进行操作。

（1）从"键控"下添加"非红色键"效果，如图16-14所示。

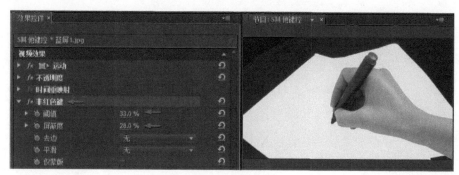

图16-14　"非红色键"效果

（2）从"键控"下添加"RGB差值键"效果，并使用"颜色"右侧的颜色吸管吸取背景颜色，进行键控，如图16-15所示。

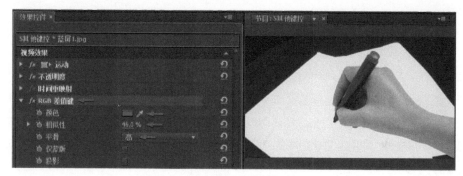

图16-15　"RGB差值键"效果

（3）从"键控"下添加"颜色键"效果，并使用"主要颜色"右侧的颜色吸管吸取背景颜色，进行键控，如图16-16所示。

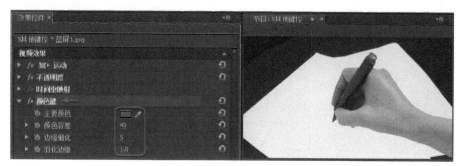

图16-16　颜色键效果

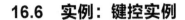

16.6　实例：键控实例

本例将使用一个Logo图像、一个手的动作视频和一段音乐素材，合成制作一个手托Logo的动画。其中对渐变背景的Logo进行键控操作，使用"超级键"和"4点无用信号遮罩"来抠除背景颜色，并设置Logo图像的边缘模糊，使其更好地融合到视频画面中。实例效果如图16-17所示。

图16-17 实例效果

本实例的制作讲解请参见本教程光盘中的详细文档教案与视频讲解。

16.7　小结与课后练习

本课专项介绍键控件技术操作，通过蓝屏键的操作演示掌握键控操作的一般规律。然后分别学习色度键、超级键、轨道遮罩键的操作使用，其中超级键的键控效果相对较强，是多数键控操作的首选效果。对于键控时周边多余物体可以使用3种多点无用信号遮罩来排除。另一种轨道遮罩键使用不同的方式，利用上方轨道中的遮罩来显示局部画面，这也给制作中一些特殊的局部显示效果提供了技术方案。

> **课后练习说明**
>
> 对本课中的几个键控素材使用不同的键控效果进行键控操作，了解不同键控效果各自的优势，这样在针对不同的键控素材时可以选用合适的键控来达到更好的效果。

Lesson 17

时间与速度

知识点：

1. 素材的速度和持续时间；
2. 3种定格画面的操作；
3. 利用时间重映射制作变速效果；
4. 使用抽帧效果；
5. 使用残影效果。

视频素材的速度是指与其录制速率相对比的回放速率，更改视频素材的速度会在回放期间省略或重复源帧，从而使视频素材播放得更快或更慢，在速度变化的同时引起持续时间变化。有时需要利用速度的变化来改变素材片段的长度，有时也因速度变化引起的长度变化而对素材片段进行修剪。时间和速度的变化也是剪辑中经常进行的操作之一。

初始的视频素材以其正常的100%速度回放，在序列中，速度发生变化的素材片段会显示原始速度的百分比。另外，源素材的帧速率与序列可以不匹配，该序列也会自动协调差异，例如将1分钟长度的30帧/秒的视频素材放置到25帧/秒的序列时间轴中，仍会以适当的速度回放，素材长度保持1分钟不变。

17.1　调整剪辑速度或持续时间

使用剪辑工具中的"比率拉伸工具"可以压缩或拉伸素材片段的入点或出点，进行改变速度的调整。还有一种方法是使用"剪辑速度/持续时间"对话框来制作，有以下的操作方法。

1. 剪辑速度/持续时间的基本使用

在时间轴中选中素材片段，选择菜单"剪辑>速度/持续时间"，或者在素材片段上单击右键并选择弹出菜单中的"速度/持续时间"，这样弹出"剪辑速度/持续时间"对话框。最简单的设置是在其中的"速度"或"持续时间"后输入相应的数值，单击"确定"按钮即可完成。例如为视频片段设置一个快放200%的速度，这样在时间轴的视频片段中也相应显示速度的变化，如图17-1所示。

图17-1 使用"剪辑速度/持续时间"对话框更改速度

2. 剪辑速度/持续时间的键盘快捷操作

在熟悉"剪辑速度/持续时间"的基本使用之后，通常可以完全使用键盘来进行快速操作，即按快捷键Ctrl+R弹出"剪辑速度/持续时间"对话框，直接在"速度"栏后输入百分比并按Enter键。或按Tab键跳至"持续时间"栏并使用小键盘输入不带符号的后对齐数字，系统将自动换算为时码长度，以及按Tab键与空格键切换其他几个选项状态，设置完后按Enter键确定。

3. 倒放素材

在"剪辑速度/持续时间"对话框中还有"倒放速度"的选项，选中后即可倒放，也可以同时改变速度并倒放。

4. 音频变速时的音调

在对视音频素材片段进行变速时，音频也随着发生变化，放慢伸长时音调变低，加快缩短时音调变高，通常只能对音频进行少量的伸长或缩短以避免音频的失真。其中勾选"保持音频音调"选项可以校正变速时音调的变化。

> **提示** 尽管理论上音频可以变速，在实际制作中则较少在Premiere Pro CC中对音频变速，通常在视音频素材变速前分离音频，只针对视频部分变速。在音频必须改变长度的情况下，为了保证音频质量，推荐使用Adobe Audition等专业的音频软件处理。

5. 变速时使用波纹编辑

素材片段速度的变化会引起其长度的变化，在变速操作中有时需要勾选"剪辑速度/持续时间"对话框中的"波纹编辑，移动尾部剪辑"，以避免在加快时出现空隙，或在减慢时出现尾部被剪切的现象。

6. 同时对多个素材片段进行变速操作

可以同时选中时间轴中的多个素材片段，打开"剪辑速度/持续时间"对话框设置变速的效果。对于时间轴同一轨道中相邻的几段素材，在同时进行变速操作时使用波纹编辑会保留各片段的完整性，而去掉波纹编辑勾选后，快放会产生空隙，慢放会剪切掉前面各片段的部分出点内容。如图17-2所示。

图17-2 多片段变速去掉波纹编辑勾选的状态

7. 改变静止图像长度

对于静止的图像也可以使用"剪辑速度/持续时间"对话框，其中没有变速的效果，但可以确定长度，也是比较实用的操作方法。例如可以在项目面板中选中多个静止图像，按快捷键Ctrl+R打开"剪辑速度/持续时间"对话框，对这些图像设置统一的长度。

17.2 定格画面

定格画面是制作中经常使用的一种效果，Premiere Pro CC中对制作定格效果提供了多种方便快捷的菜单和选项设置，针对不同的需求，有以下几种操作方法：

1. 在视频片段的后一部分添加帧定格画面

一段正常播放的视频在播放到某一画面时，将这个画面定格并直至片段结束，这是一个常用的定格制作。在Premiere Pro CC中可以快捷地实现这个效果，将时间移至片段中要定格的帧画面位置，单击鼠标右键然后选择弹出菜单中的"添加帧定格"即可。例如以下在视频片段中部某一帧添加帧定格后，视频片段被分割开，同时以分割点为静止画面定格后一片段，如图17-3所示。

图17-3 添加帧定格

2. 将整个视频片段转变为帧定格画面

将整个片段定格时，可以在片段上单击鼠标右键然后选择弹出菜单中的"帧定格选项"，打开对话框，在其中选择"定格位置"，并可以通过"定格滤镜"来确定是否将添加的效果进行定格。通过对话框选项，可以选择在指定时间、入点、出点或当前播放指示器的位置来定格画面，如图17-4所示。

图17-4 帧定格选项

3. 在一段视频中插入帧定格分段

在一段视频上先将播放指示器移至要定格画面的位置，然后单击鼠标右键，选择弹出菜单中的"插入帧定格分段"，这样可以在视频中插入一段默认2秒长度的帧定格片段，这样可以在一段视频中的不同位置插入多个分段的定格片段。在插入帧定格分段时，插入点之后的视频片段按波纹编辑的方式向后偏移，如图17-5所示。

图17-5 插入帧定格分段

17.3　时间重映射

"时间重映射"作为视频的一个固定效果位于"效果控件"面板中，可以用来创建具有速率变化的快速运动、慢速运动以及倒放的效果。在使用"时间重映射"之前，需要进行两项准备工作。

一是在时间轴中增加目标视频素材所在的轨道高度；

二是选中视频素材，在其上单击鼠标右键，选择弹出菜单中的"显示剪辑关键帧>时间重映射>速度"，准备将"时间重映射"的关键帧显示出来。

另外在进行"时间重映射"的变速调节中，素材片段的长度会发生变化，需要确认其轨道之后没有其他内容，以避免出现素材被剪切的现象。

以下在新建序列的时间轴中放置一段视频"赛车C.mov"，并完成准备工作，使用"时间重映射"来设置常用的变速和倒放效果。

1. 使用时间重映射变速

在时间轴将播放指示器移至第2秒的位置，在按住Ctrl键的同时在视频片段的第2秒处单击，添加一个"时间重映射"的"速度"关键帧。然后使用鼠标在关键帧右侧拖动"速度"水平线，同时显示有速度的变化提示，如图17-6所示。

图17-6 添加速度关键帧并拖动水平线

　　当拖至50%时释放鼠标，关键帧之后的视频片段因慢放而变长。使用鼠标将关键帧中的一半向右拖动，以形成一个速率渐变的时间范围，在这两部分关键帧之间，速度从100%逐渐降至50%。同样，可以在视频的其他位置添加关键帧，设置其他变速效果，如图17-7所示。

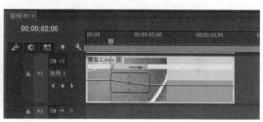

图17-7 速度渐变至50%

2. 使用时间重映射倒放

　　删除视频片段的关键帧恢复初始状态。在时间轴将播放指示器移至第4秒的位置，按住Ctrl键在视频片段的第4秒处单击，添加一个"时间重映射"的"速度"关键帧。然后按住Ctrl键使用鼠标向右拖动关键帧，此时会新增两个关键帧，如图17-8所示。

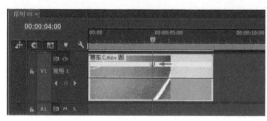

图17-8 添加倒放效果

　　在回放时可以发现第1、2个关键帧之间为倒放的效果，第2、3个关键帧之间为倒放之后的重放效果。

提示　　如果需要修改视频片段倒放的长度范围，可以在按住Alt键的同时拖动中间的关键帧，以增大或缩小时间范围。

17.4 抽帧时间

"抽帧时间"是与时间有关的"时间"效果组中的一个效果。在播放正常的视频时，PAL制式下是按每秒25帧的帧速率来播放，即每1秒播放25个帧画面。抽帧时间效果将视频锁定到特定的帧速率，每秒只播放指定数量的帧画面。当指定帧数较少时，产生老式动画片的画面跳跃、停顿的效果。例如这里在"效果"面板展开"视频效果"，将"时间"下的"抽帧时间"拖至时间轴中的视频片段上，并在"效果控件"面板中设置其"帧速率"为5，这样视频中的飞车在飞过镜头画面时产生类似快速连拍时的连续停顿画面的效果，如图17-9所示。

图17-9 抽帧效果

提示　当制作连续停顿的镜头效果，而使用"抽帧"效果又不易控制时，则仍需要使用定格的方法来设置细节效果。

17.5 残影

"残影"是与时间有关的另一个效果，用于合并来自素材片段不同时间的帧画面。仅当在素材片段中包含运动时，此效果才明显。默认情况下，在应用残影效果时，之前所应用的效果都将被忽略。

残影时间（秒）：残影之间的时间，以秒为单位。负值表示基于前面的帧创建残影；正值表示基于即将到来的帧创建残影。

残影数量：残影的数量。例如，如果值为 2，则结果为3个帧的组合。

起始强度：残影连续画面中第1个画面的不透明度。

衰减：残影的不透明度逐渐衰减的不透明度比率。例如，衰减为 0.5时，第1个残影的不透明度为起始强度的一半；第2个为"起始强度"的四分之一，依此类推。

残影运算符：用于合并残影的混合运算。

例如这里在"效果"面板将"时间"下的"残影"拖至时间轴中的视频片段上，并在"效果控件"面板中设置"残影运算符""残影时间""残影数量"和"衰减"，如图17-10所示。

图17-10 残影效果

17.6　实例：缩剪短片

这里对前面制作的一个项目文件进行缩剪，将原来的30秒缩短至20秒。缩剪并不是简单地将素材整体缩短至指定的长度，其中首先涉及音频的问题，音频不能轻易进行变速，需要进行剪辑或重新选择，音频的改变意味着对应的画面也需要重新剪辑，则需要避免声画不同步或画面与音频的节奏不匹配。本例在保留原有短片全部内容的基础上对原音频进行剪辑、对原视频进行部分快放和剪辑，并添加部分效果，最终完成缩剪任务。实例效果如图17-11所示。

图17-11 实例效果

本例的制作讲解请参见本教程光盘中的详细文档教案与视频讲解。

17.7　小结与课后练习

本课学习有关时间和速度的操作。使用"剪辑速度/持续时间"设置可以对素材的速度和长度进行精确地设置，虽然在操作中涉及菜单、对话框和输入数值，但可以掌握键盘的操作方法提高效率。使用3种帧定格的方法可以完成常用的定格效果。使用时间重映射可以为视频素材进行无级变速调整，或者制作倒回重放的效果。最后演示了抽帧和残影两个与视频素材时间相关的特殊效果。

课后练习说明

根据自己的方式将实例中的音频修剪为不同的长度，保留各个镜头画面，对各个镜头画面进行顺序调换，然后将画面对应音频进行剪辑。其中可以尝试利用不同的变速方法和定格画面的方法。

音频
效果

知识点：

1. 音频的基本效果和左右声道调整；
2. 制作回声效果；
3. 制作设备播放声音的差异效果；
4. 制作改变音调的效果；
5. 消除音频的噪声。

Premiere Pro CC的音频效果用于视音频素材的音频部分，或者单独的音频素材，在"效果"面板的"音频效果"下有多个音频效果。在效果的使用频率上，音频不同于视频，相对较少地用到复杂的音频效果设置，对音频的制作大多集中在音量、声道、过渡或音频片段的修剪上，艺术效果的配乐制作是另一项专业的领域。不过在Premiere Pro CC中仍可以处理一些不太复杂的音频效果，

例如回声、不同场景的声音差异等。在Premiere Pro CC中利用所提供的音频效果进行制作，可以大大提高工作效率。

Premiere Pro CC中的音频效果主要针对于常用的立体声，有些效果对单声道或5.1声道的音频素材将受到限制，不过在必要时可以使用前面介绍的声道转换的方式，将几种声道相互转换，以解决受限的问题。

18.1 基本音频效果

1. 固定效果

Premiere Pro CC将最常用的3个音频效果固定在了"效果控件"面板中，分别为"音量""声道音量"和"声像器"，并按从上至下的固定顺序放置。在向音频素材添加效果时，新的效果将被添加在声像器之上，为使用声像器作最后的平衡提供方便，如图18-1所示。

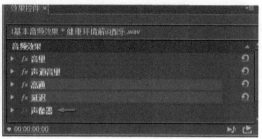

图18-1 固定音频效果的顺序

2. 互换声道

以下这个音频素材的左声道为解说，右声道为音乐，可以从音频轨道中查看波形的不同，解说的波形在词句之间有间隔，而音频则为连续的、有节奏的波形。

这里从"效果"面板的"音频效果"下将"互换声道"拖至音频素材上释放，为其互换声道。这样在播放时可以监听和查看效果的改变，音量提示中的两个声道与波形相反，如图**18-2**所示。

图18-2 互换声道

3. 使用左声道或使用右声道

当只需要立体声中的一个声道时，则可以使用固定音频效果中的"声道音量"或"声像器"，即禁止另一个声道的音量，不过这样就没有了立体声的效果，在播放时有一侧的音箱将没有声音。可以添加"使用左声道"或"使用右声道"来更好地解决问题。

这里将解说和音乐分离的立体声音频素材，只保留解说部分，可以将"音频效果"下的"使用左声道"添加到音频素材上，这样左、右声道都有解说的声音，如图**18-3**所示。

图18-3 使用左声道

18.2　回声效果

回声是较常使用的音频效果，在Premiere Pro CC中可以使用"延迟""多功能延迟"及"Reverb"制作不同风格的回声效果。

1. 延迟效果

"延迟"效果添加音频剪辑声音的回声，用于在指定时间量之后播放。此效果适用于 5.1声道、立体声或单声道剪辑。

延迟：指定在回声播放之前的时间量。最大值为 2 秒。

反馈：指定往回添加到延迟（以创建多个衰减回声）的延迟信号百分比。

混合：控制回声的量。

在"音频效果"下将"延迟"效果拖至时间轴的音频素材上，在其"效果控件"面板中调整延迟的时间，这样得到一个声音延迟重复的回响效果，如图18-4所示。

图18-4 使用延迟效果

2. 多功能延迟效果

"多功能延迟"效果允许使用4个延迟或分接头（一个分接头就是一个延迟效果）来控制整个延迟效果。如果需要创建多个延迟效果，可以使用"反馈1"至"反馈4"这几个控件，反馈控制增加了延迟信号返回延迟的百分比。使用"混合"字段可以控制延迟到非延迟回声的百分比。

在"音频效果"下将"多功能延迟"效果拖至时间轴的音频素材上，在其"效果控件"面板中可以调整多个延迟的时间，这样可以得到多个声音延迟重复的回响效果，如图18-5所示。

3. Reverb效果

"Reverb"（混响）效果通过模拟室内音频播放的声音，为音频剪辑营造氛围。使用"自定义设置"视图中的图形控件，或在"各个参数"视图中调整值。此效果适用

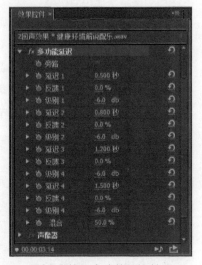

图18-5 使用多功能延迟效果

于5.1声道、立体声或单声道剪辑。

　　PreDelay（预延迟）：指定信号与混响之间的时间。此设置与实时设置中的距离相关，即声音传输到反射墙后返回到听者的距离。

　　Absorption（吸收）：指定声音被吸收的百分比。

　　Size（大小）：以百分比形式指定空间大小。

　　Density（密度）：指定混响"尾音"的密度。"大小"值决定了可以设置"密度"的范围。

　　LoDamp（低频衰减）：指定低频的衰减量（以分贝为单位）。低频衰减可以防止混响发出隆隆声或声音浑浊。

　　HiDamp（高频衰减）：指定高频的衰减量（以分贝为单位）。低设置使混响听起来更柔和。

　　Mix（混合）：控制混响的量。

　　在"音频效果"下将Reverb效果拖至时间轴的音频素材上，在其"效果控件"面板中可以调整多个延迟的时间，这样可以得到多个声音延迟重复的回响效果，如图18-6所示。

图18-6 使用Reverb效果

18.3　设备播放效果

1. 高通效果和低通效果

　　"高通"效果消除低于指定"屏蔽度"频率的频率。"低通"效果消除高于指定"屏蔽度"频率的频率。"高通"和"低通"效果适用于5.1声道、立体声或单声道剪辑。

　　在"音频效果"下将"高通"效果拖至时间轴的音频素材上，在其"效果控件"面板中可以对"屏蔽度"进行设置，这样可以得到一个截去部分频率的声音效果。通过这两个效果，可以制作出音乐改变频率的效果，模拟收音机等设备播放的效果，如图18-7所示。

图18-7 使和"高通"和"低通"效果

2. EQ效果

利用EQ效果可以剪切或放大特定的频率范围，在打开的效果编辑器中可以调整控件，实现特定频率上的音频校正。EQ控制频率、带宽（也称为Q）和使用高、中、低频率带。

Frequency：在20～2000Hz提高或降低频率。

Gain：在-20～20dB调整增益。

Cut：在高频带与低频带之间切换，不同于倾斜型过滤器，该过渡器可以将部分信号提高或降低至截止过滤器的处理范围内，后者排除并截止特定频率信号。

Q：指定0.05～5.0倍频程之间的过滤器宽度，这指定了EQ调整的频谱范围。

从"音频效果"下将EQ拖至时间轴的音频片段上，单击"自定义设置"右侧的"编辑"按钮，打开"剪辑效果编辑器"，在这里选择预设并调整属性。例如选择预设1940_s可以得到一个老式广播的声音效果，如图18-8所示。

18.4 改变音调效果

在Premiere Pro CC中有简单的变调效果，可以在不改变音频长度的情况下调

图18-8 使用EQ效果

整音频音调升高或降低，不过通常只作微调，改变幅度稍大将引起音质的下降。此效果适用于5.1声道、立体声或单声道剪辑。

Pitch（音调）：指定半音音阶中的音调变化。可调整的范围是 -12～12个半音。

Fine Tune（微调）：确定"音调"属性的半音网格之间的微调。

Formant Preserve（共振峰保留）：防止音频剪辑中的共振峰受影响。例如，在增加高音的音调时，使用此控件可防止它听起来像卡通声音。

从"音频效果"下将PitchShifter拖至时间轴的音频片段上，单击"自定义设置"右侧的"编辑"按钮，打开"剪辑效果编辑器"，在这里调整Pitch（音调）和Fine Tune（微调）的数值，并勾选Formant Preserve（共振峰保留）复选框，如图18-9所示。

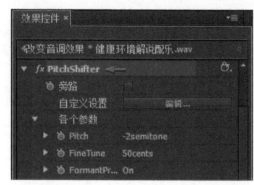

图18-9 使用PitchShifter效果

18.5 降噪效果

在Premiere Pro CC中可以进行部分噪声的降噪效果。例如使用PitchShifter（降噪器）效果自动检测磁带噪声并将其消除。使用此效果可以从模拟录音（如磁带录音）中消除噪声。此效果适用于 5.1声道、立体声或单声道剪辑。

Noisefloor（噪底）：指定噪底在剪辑播放时的声级（以分贝为单位）。

Freeze（冻结）：在当前值停止噪底估计。使用此控件可以找到拖入和拖出剪辑的噪声。

Reduction（降低）：指定在 -20 ~ 0 dB 范围内消除的噪声量。

Offset（偏移）：设置一个位于自动检测的噪底和用于定义的值之间的偏移值。此值不超过-10 ~ +10 dB范围。当自动降噪不充分时，通过偏移可获得更多控制。

从"音频效果"下将PitchShifter拖至时间轴的音频片段上，单击"自定义设置"右侧的"编辑"按钮，打开"剪辑效果编辑器"，在这里选择预设，并测试音频的降噪调整，如图18-10所示。

图18-10 使用降噪效果

18.6 实例：动画声效

这里为前面制作的一个动画添加音频效果，其中使用了一个解说的声音素材和一个心跳的声效素材，在画面中出现Logo时添加解说并制作回声效果，配合画面中的Logo缩放动画添加心跳声并制作混响效果。动画效果如图18-11所示。

图18-11 实例效果

本例的制作讲解请参见本教程光盘中的详细文档教案与视频讲解。

18.7 小结与课后练习

本课介绍音频的效果制作，包括音频素材的固定效果和标准效果。其中演示制作回声效果，设备播放声音的差异效果，以及改变音调效果的制作方法，并对含有音声的音频使用降噪效果来消除噪声。

课后练习说明

测试不同音频效果，加深对各个音频效果的印象。其中将部分效果使用解说效果更明显。

Lesson **19**

效果
插件

知识点：

1. 外挂插件的介绍和安装方式；
2. 演示过渡插件；
3. 演示Shine和Starglow两种光效插件；
4. 为画面应用降噪效果的插件；
5. 演示风格化插件。

除了在Premiere Pro CC中内置的几十种效果之外，还可以通过外挂插件的形式使用大量效果。可以从Adobe或第三方供应商处购买外挂插件，或从其他兼容的应用程序获得外挂插件。例如，许多Adobe After Effects外挂插件和VST外挂插件都可以用于Premiere Pro CC。在本课的实例中就使用了Adobe After Effects中的一个效果，作为效果插件安装至Premiere Pro CC中，并进行效果制作。

19.1　Pr CC效果插件简介和安装

Premiere Pro CC内置的效果可以应付日常的制作需求，但有时对于特殊的画面效果也会难以实现，此时一种解决方案是使用After Effects等其他软件辅助制作，另一种方案则是查找有没有相应的外挂插件可供利用，例如为图形元素制作发光的效果，为画面中点光部分添加星光效果，为噪点较多的画面进行降噪修复，或者快速调整画面为电影胶片的效果等插件。借助有效的外挂效果插件后，在Premiere Pro CC中也能很轻松地完成这些精彩、特殊的效果。

Premiere Pro与After Effects相似，都有众多的外挂插件。Premiere Pro CC安装在64位的系统之下，其效果插件也需要支持64位的版本。将效果插件文件放置公共的Plug-ins文件夹中，该效果就可供Premiere Pro CC或After Effects使用，这个公用文件夹为：

Program Files\Adobe\Common\Plug-ins\<version>\MediaCore

此外，插件文件还可以放在软件的安装文件夹下，这样只能由Premiere Pro CC专用，这个专用文件夹为

Program Files\Adobe\Adobe Premiere Pro CC\Plug-ins\Common

为确保外挂插件及其相关文件安装在正确位置，最好是对外挂插件使用安装程序。另外，在打开项目时，如果项目引用的某些效果不存在，Premiere Pro CC将提示缺少哪些效果。

19.2 过渡插件

NewBlue 公司是一个著名的插件公司，出品了很多优秀的插件，支持常用视频编辑软件，其中包括Premiere Pro CC，有调色、字幕、视频特效、视频转场等插件效果。这里演示其中几种过渡插件效果。在安装New Blue的过渡效果之后，将素材放置在时间轴中并将其前后连接，然后在"效果"面板展开"过渡效果"，在过渡插件的相应过渡效果组中选择过渡，添加到时间轴中素材片段的连接处。例如这里先添加一个"五彩纸屑"过渡效果，如图19-1所示。

图19-1 添加"五彩纸屑"过渡效果

在时间轴选中过渡效果，在"效果控件"面板中单击"自定义"按钮，打开其自定义设置窗口，进行相关调整设置，单击"OK"按钮完成设置，如图19-2所示。

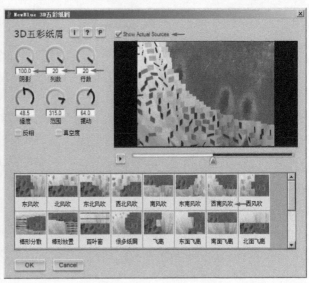

图19-2 自定义设置

New Blue的过渡效果众多，例如以下分别添加多种不同的过渡效果，如图19-3所示。

图19-3 添加多种过渡效果

这些过渡效果分别如图19-4所示。

图19-4 多种过渡效果

19.3　光效插件

Trapcode插件中有两种常用的光效插件可以应用于Premiere Pro CC，分别为Shine和Starglow。这里分别演示这两种插件的效果。

先查看未添加效果之前的视频画面，如图19-5所示。

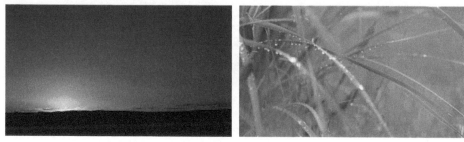

图19-5 原视频素材

1. Shine效果

安装插件之后，在"效果"面板的"视频效果"下出现"Trapcode"组效果，将其下的"Shine"拖至时间轴中的视频片段上，添加Shine效果，设置其相关的属性，可以制作出放射的光芒效果，如图19-6所示。

图19-6 添加Shine光效

2. Starglow效果

在Trapcode组效果下的另一个光效插件Starglow，可以在画面中的亮点部位模拟出星光闪烁的效果，通常高亮的部分以亮点分布效果较好，不易应用在高亮面积大的画面中。

例如以下为画面中的露珠添加晶莹的闪光，由于高亮的部分没有明显的亮点，这里在时间轴中将素材分成两部分叠加在一起，先为上一轨道的视频添加"颜色校正"下的"亮度曲线"效果，在曲线上添加两个点并分别调整至右侧的最顶部和最底部，使画面分化高亮点与黑背景，这样在画面中调整出其中的高亮点，如图19-7所示。

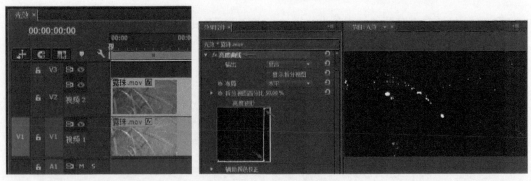

图19-7 使用亮度曲线效果调整高亮点

在视频画面出现高亮点的基础上，再添加Trapcode下的"Starglow"效果，选择星光预设样式，并将"不透明度"下的"混合模式"选择为"线性减淡（添加）"，将光效叠加到下层轨道的原始视频画面上，这样得到露珠的点光效果，如图19-8所示。

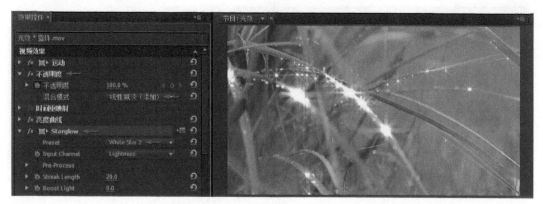

图19-8 添加Starglow效果并设置混合模式

19.4　降噪插件

降噪效果是非常实用的一种效果，在降噪插件中，Denoiser是一个功能强大、使用简单的智能效果，对画面的降噪效果比较显著。不过降噪效果都存在着处理信息量大，计算和渲染慢的特点，Denoiser也不例外，在添加和设置之前，保存项目或其他重要的文件。这里对容易产生噪点的高对比和局部灰暗的视频画面进行降噪处理。先查看原始的画面效果。放大后灰暗的部位有明显的噪点和杂色，如图19-9所示。

图19-9 查看原视频素材和局部噪点

在安装Denoiser效果之后，在"视频效果"下的"Magic Bullet Denoiser"组效果下，将"Denoiser II"添加到时间轴的视频片段上，根据画面的效果决定在"效果控件"下是否对效果进行微调，可以看到默认下的效果已经达到很好的降噪效果，局部画面中的噪点和杂色已经被消除或平滑处理，如图19-10所示。

图19-10 添加降噪效果

19.5　风格化插件

　　Magic Bullet还有众多其他类型的效果，例如用于画面风格处理的"Magic Bullet MisFire"组效果。在安装了这个插件效果之后，为时间轴的视频添加一个"Magic Bullet MisFire"组效果下的"MisFire"，这是一个很直观的效果，可以在其"效果控件"面板中参照画面的效果设置选项，这样简单快捷地得到类似电影胶片效果的多种风格画面，如图19-11所示。

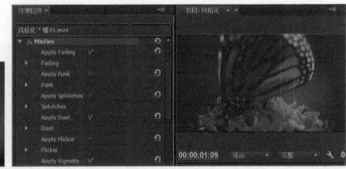

图19-11 原视频素材画面和添加MisFire效果

　　另外一种Magic Bullet Mojo效果也可以快速调节画面的色彩效果，在安装了这个插件效果之后，为时间轴的视频添加一个"Magic Bullet Mojo"组效果下的"Mojo"，在其"效果控件"面板中参照画面的颜色效果，调整相应的属性，如图19-12所示。

图19-12 添加Mojo效果

19.6　实例：安装AE效果制作翻书动画

由于有些学习者手头上可能没有安装外挂插件，而通常在使用Premiere Pro CC的同时会安装有After Effects CC（简称AE）软件，这里借用After Effects CC软件中的一个效果，将其作为外挂插件来进行安装和实例制作演示。通过这个插件可以实现立体效果较好的翻页动画，实例效果如图19-13所示。

图19-13 实例效果

本例的制作讲解请参见本教程光盘中的详细文档教案与视频讲解。

19.7　小结与课后练习

本课先介绍外挂插件及安装方式，然后演示几种Premiere Pro CC可以使用的插件效果，包括过渡插件、光效插件、降噪插件和风格化插件。最后使用After Effects CC中的一个效果作为插件来演示安装和使用方法，并利用该效果制作Premiere Pro CC中难以实现的翻页效果。

课后练习说明

安装和测试手头上的插件，了解对应插件的用途和操作方法。对于某些不确定是否能使用的插件，首先该插件确定是否支持64位再考虑是否进行测试安装。

结合其他软件制作

Premiere Pro CC的制作以剪辑为主，但很多制作任务也不完全仅限于对素材的剪切、重组，其中通常还涉及多方面的效果制作和应用处理。例如需要为影片制作和添加带有透明背景的标识图形或者图文设计时，可以借助专业的图形、图像软件来设计制作；在需要为其中的某些字幕或图标制作生动的动画效果时，可以借助专业的效果动画软件来提供所需要的动态元素作为素材合成使用；在需要为音频中比较严重的噪声进行修复时，则需要使用专业的音频处理软件。在有更多要求的情况下，就需要联合其他的制作软件来一同解决问题。

20.1　Pr CC与其他软件的配合使用

1. 制作问题可以由多种制作软件来共同解决

在实际制作中会面临方方面面的问题，当使用Premiere Pro CC不能解决时，这就需要使用其他合适的软件来共同来应对。Adobe系列软件为在视频制作中所涉及的图形图像及影音制作提供了完整解决方案。Premiere Pro CC与Adobe系列中的众多软件有良好的协作，在这些软件之间也可以输出对方可接受的文件格式，发挥各自优势共同解决制作问题。此外，与影视后期制作相关的其他剪辑、动画或效果制作软件，也可以相互交换视频或图像等数据文件以进行各类制作。

2. 使用Photoshop辅助图像设计

可以在Photoshop中制作精美的图像素材，制作带有透明背景的Logo或艺术文字，或者制作包含多个图像元素的分层文件，提供给Premiere Pro CC，解决图像设计方面的问题。在Premiere Pro CC中也可以将静帧图像导出到Photoshop中进行处理或参考制作。

3. 使用After Effects辅助视觉动画

在图像的动态效果制作中，Premiere Pro

CC与After Effects CC有着更紧密的协作关系，可以依靠After Effects来制作丰富的视觉元素，制作各种需要的动态文字效果，并将这些效果导入到Premiere Pro CC中，添加合成到剪辑的视频画面上。也可以将剪辑的序列内容提供给After Effects来进一步进行包装制作，将最终结果作为一段素材放到Premiere Pro CC使用。

4. 使用Adobe Audition处理音频效果

如果涉及更复杂的音频制作，可以使用Adobe Audition软件，在其中可以更好地对音频进行修复校正，去除Premiere Pro CC中无法消除的噪声，更好地在保持音调的基础上对音频的长度进行延长或缩短，更好地提高或降低音调而不改变音频的时长，为音频制作更丰富的效果，还可以从CD中提取声音文件，进行音频文件的批量处理等。

5. 其他Adobe系列软件

在Adobe 的系列软件中，除了After Effects、Adobe Photoshop和Adobe Audition之外，Adobe Encore、Adobe SpeedGrade、Adobe Prelude、Adobe Bridge、Adobe Illustrator等均能为Premiere Pro CC的某些制作需要提供解决方案，Adobe系列的部分软件如图20-1所示。

图20-1 Adobe系列软件

20.2　使用Photoshop提供透明通道辅助制作

带有透明背景的文件含有Alpha通道，有些文件可以带有Alpha通道，例如Photoshop的PSD文件，常用的PNG文件，以及TGA、TIFF文件等，另一种JPG文件不带有Alpha通道。Premiere Pro CC可以自动识别图像文件中的Alpha通道，导入带有透明背景的图像。这里使用Photoshop来制作一个具有透明背景的图像标志，并应用一个立体的有表面材质的效果，这也是一类在Premiere Pro CC中常需要使用的素材。操作方法如下。

1. 建立透明背景的图像

使用Photoshop 打开一个Logo图像文件，在按住Alt键的同时双击图层的锁定图标，解除锁定状态，如图20-2所示。

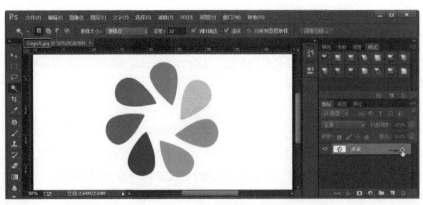

图20-2 打开文件并解除锁定状态

使用魔棒工具在Logo的背景上单击，选中背景，然后按Delete键即可删除背景色。

在"样式"下单击一个玻璃按钮的样式，将其应用到Logo图形上，并在图层中显示了所添加的图层效果，如图20-3所示。

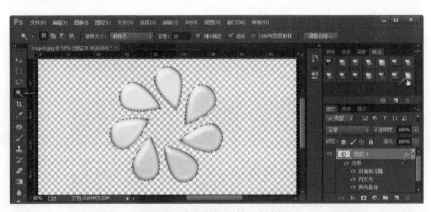

图20-3 删除背景色并添加样式

双击fx字样的图层效果图标，打开"图层样式"设置窗口，在其中去掉"颜色叠加"和"渐变叠加"的勾选。选中"斜面和浮雕"，在其下将"结构"的"大小"减小为"10像素"，单击"确定"按钮，如图20-4所示。

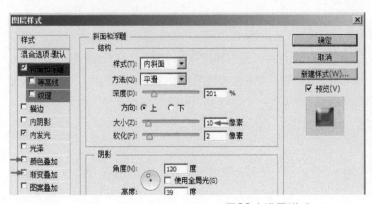

图20-4 设置样式

2. 保存为带Alpha通道格式文件

选择菜单"文件>另存为"，将文件格式选择为常用的带Alpha通道格式的PNG或PSD文件，这样在将其导入Premiere Pro CC后就得到了一个透明背景的Logo图像。

20.3 在Pr CC中建立AE CC链接

1. 在Pr CC 中新建AE CC合成图像

在Premiere Pro CC中选择菜单"文件>Adobe Dynamic Link>新建After Effects合成图像"，将弹出"新建After Effects合成图像"对话框，在其中确认新建After Effects合成时首要的宽度、高度、时基和像素长宽比设置，单击"确定"按钮，将打开After Effects CC软件。

2. 建立文字动画

在After Effects CC软件中对其所建项目进行命名，这里命名为"从Pr新建1"。在打开的After Effects CC的项目面板中同时新建了一个合成，这里将其命名为"广告动画 已连接合成04"，如图20-5所示。

图20-5 从Pr CC中新建AE CC合成图像

在After Effects中简单地制作一个文字动画，如图20-6所示。

图20-6 在AE CC中建立动画

3. 在Pr CC中及时得到文字动画的结果

切换到Premiere Pro CC中，可以看到项目面板中有同样名称的"广告动画 已连接合成04"，并及时得到制作的结果，如图20-7所示。

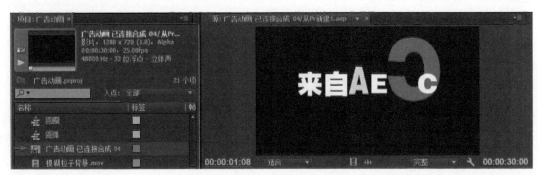

图20-7 在Pr CC中得到动画效果

20.4 在AE CC中导入Pr CC链接

1. 在AE CC中导入Pr CC序列

同样，在After Effects CC中也导入Premiere Pro CC的项目文件，利用素材或参照画面进行制作。在After Effects CC中选择菜单"文件> Adobe Dynamic Link>导入Adobe Premiere Pro序列"，从中选择项目文件，并显示出项目文件下的所有序列，从中选择所需要的序列，例如这里选择"产品广告合成"，单击"确定"按钮，将其导入到After Effects的项目面板中。

2. Pr CC中的序列改动在AE CC中及时更新

可以查看所导入序列的名称显示为"产品广告合成/广告动画"，被当作一段素材来使用，双击可以打开其"素材"面板以查看视频效果。这样在After Effects CC中可以对其进行效果制作或者添加新元素动画。当在Premiere Pro CC中对序列内容进行改动时，After Effects CC中将及时得到更新。这里将这个After Effects CC的项目进行保存，并命名为"导入Pr制作1.aep"，如图20-8所示。

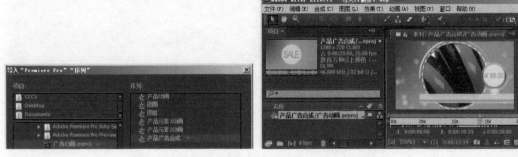

图20-8 在AE CC中导入Pr CC序列

20.5 使用AE CC制作文字动画效果

对于图形效果的包装动画制作，显然是After Effects CC的强项，这里就在After Effects CC的"导入Pr制作1.aep"项目文件中，参照上面所导入的Premiere Pro CC序列"产品广告合成/广告动画"，制作两个广告视频中需要的文字动画效果。操作方法如下：

（1）先将"产品广告合成/广告动画"拖至项目面板的"新建合成"按钮上释放，这样按其属性建立合成。

（2）在合成中单击鼠标右键后在弹出菜单中选择"新建>文本"，建立一个广告中的文字，并设置文字的字体、大小等属性，如图20-9所示。

图20-9 在AE CC中建立文字

（3）先在时间轴中将时间指示器移至文本层的入点处，并选择文本层，然后选择菜单"动画>浏览预设"，打开Adobe Bridge软件显示After Effects的预设，在Presets的Text下选择"3D Text"，显示出其文字动画预设，这里选择"3D Fly Down Behind Camera.ffx"，在其上单击鼠标右键，选择弹出菜单中的"Place In After Effects"，如图20-10所示。

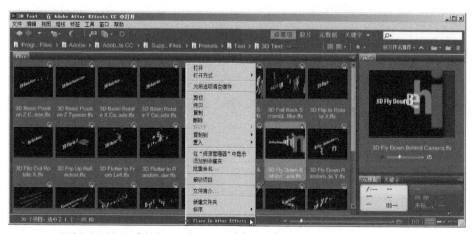

图20-10 使用"浏览预设"打开Adobe Bridge并选择预设发送给AE CC

（4）返回After Effects CC，可以看到动画预设添加到了文字层，文字有了分散入画的动画效果。参照视频动画调整文字层的入点和出点，并设置一个文字分散出画的效果，如图20-11所示。

图20-11 在AE CC中设置文字关键帧

（5）同样再制作另一个文字，可以采用复制文字层，调整时间位置并修改文字的方法，如图20-12所示。

图20-12 制作另一个文字动画

（6）最后，关闭导入视频层的显示或删除导入视频层，只保留两个文字层的显示，保存项目文件。

20.6 实例：与AE CC制作精彩的视音频效果

虽然After Effects CC在包装制作中更有优势，但因为Premiere Pro CC具有良好的实时性，对素材剪辑也更直观、快捷，所以当在Premiere Pro CC中能完成部分效果制作时，也可以先在Premiere Pro CC中完成。其中某些难以实现的效果再由After Effects CC来提供辅助制作。本例就是按照这个思路，先充分发挥Premiere Pro CC的效果制作功能，完成广告包装动画的大部分制作，最后的文字动画部分由After Effects CC制作，两者的动态链接关系可以使制作更便捷、更高效。实例效果如图20-13所示。

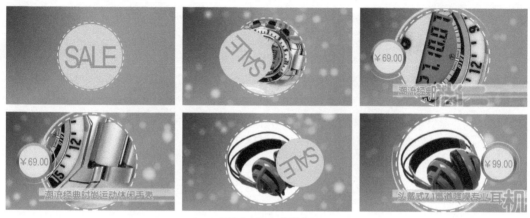

图20-13 实例效果

本实例的制作讲解请参见本教程光盘中的详细文档教案与视频讲解。

20.7 小结与课后练习

本课对Pr CC结合其他软件制作进行介绍，其中包括Photoshop、After Effects、Adobe Auditon等。演示在Photoshop中制作透明背景的图像，为Premiere Pro CC解决透明图标等元素的制作使用问题。介绍Premiere Pro CC与After Effects CC之间相互链接的制作关系，并在After Effects CC中为Premiere Pro CC中的视频内容制作文字动画效果，在Premiere Pro CC中进行主要制作和完成最终的成片。

课后练习说明

在After Effects CC中为实例制作其他元素效果，例如不同的文字动画，圆形或弧形元素的效果动画。其中在After Effects CC中先导入Premiere Pro CC制作的基本内容作为对照，以其为基础制作对应的元素效果，最后在Premiere Pro CC中完成制作。

附录　Pr CC基本快捷键

操作应用	Windows系统下	Mac OS系统下
文件部分		
新建序列…	Ctrl+N	Cmd+N
新建素材箱	Ctrl+/	Cmd+/
新建字幕	Ctrl+T	Cmd+T
打开项目	Ctrl+O	Cmd+O
在Adobe Bridge中浏览…	Ctrl+Alt+O	Opt+Cmd+O
关闭	Ctrl+W	Cmd+W
保存	Ctrl+S	Cmd+S
另存为…	Ctrl+Shift+S	Shift+Cmd+S
保存副本…	Ctrl+Alt+S	Opt+Cmd+S
从媒体浏览器导入	Ctrl+Alt+I	Opt+Cmd+I
导入…	Ctrl+I	Cmd+I
导出媒体…	Ctrl+M	Cmd+M
退出	Ctrl+Q	
编辑部分		
撤销	Ctrl+Z	Cmd+Z
重做	Ctrl+Shift+Z	Shift+Cmd+Z
剪切	Ctrl+X	Cmd+X
复制	Ctrl+C	Cmd+C
粘贴	Ctrl+V	Cmd+V
粘贴插入	Ctrl+Shift+V	Shift+Cmd+V
粘贴属性	Ctrl+Alt+V	Opt+Cmd+V
清除	Delete	Forward Delete
波纹删除	Shift+Delete	Shift+Forward Delete
复制	Ctrl+Shift+/	Shift+Cmd+/
全选	Ctrl+A	Cmd+A
取消全选	Ctrl+Shift+A	Shift+Cmd+A
查找…	Ctrl+F	Cmd+F

操作应用	Windows系统下	Mac OS系统下
编辑原始	Ctrl+E	Cmd+E
剪辑部分		
制作子剪辑...	Ctrl+U	Cmd+U
音频声道...	Shift+G	Shift+G
速度/持续时间...	Ctrl+R	Cmd+R
插入	,	,
覆盖	.	.
启用	Shift+E	Shift+Cmd+E
编组	Ctrl+G	Cmd+G
取消编组	Ctrl+Shift+G	Shift+Cmd+G
序列部分		
渲染区域/入点到出点	Enter	Return
匹配帧	F	F
添加分割点	Ctrl+K	Cmd+K
添加分割点到所有轨道	Ctrl+Shift+K	Shift+Cmd+K
修剪编辑	T	T
将选定编辑点扩展到播放指示器	E	E
应用视频过渡	Ctrl+D	Cmd+D
应用音频过渡	Ctrl+Shift+D	Shift+Cmd+D
应用默认过渡至选择项	Shift+D	Shift+D
放大	=	=
缩小	-	-
对齐	S	S
标记部分		
标记入点	I	I
标记出点	O	O
标记剪辑	X	X
标记选择项	/	/

操作应用	Windows系统下	Mac OS系统下
添加标记	M	M
工具部分		
选择工具	V	V
轨道选择工具	A	A
波纹编辑工具	B	B
滚动编辑工具	N	N
比率拉伸工具	R	R
剃刀工具	C	C
外滑工具	Y	Y
内滑工具	U	U
钢笔工具	P	P
手形工具	H	H
缩放工具	Z	Z
时间轴部分		
缩放到序列	\	\
波纹删除	Alt+Backspace	Opt+Delete
设置工作区栏的入点	Alt+[	Opt+[
设置工作区栏的出点	Alt+]	Opt+]
显示下一屏幕	Page Down	Page Down
显示上一屏幕	Page Up	Page Up

★注　Pr CC的快捷键较多，这里为精选出的最基本、最常用的一部分。